中国特色企业新型学徒制培训教材

职业道德与职业素养

人力资源社会保障部教材办公室　组织编写

本书编审人员

主　编： 杜喜亮　张　蓉

副主编： 徐　健　马海漫

参　编： 由丰收　高　原

主　审： 常卫霞　王　宁

中国劳动社会保障出版社

内容简介

本书是中国特色企业新型学徒制培训教材通用素质课程教材中的一种，主要内容包括职业道德、职业理想、职业意识、职业形象、职业能力、职业习惯。

本书适用于各类企业与职业院校、职业培训机构、企业培训中心等教育培训机构开展中国特色企业新型学徒制培训，也适用于企业岗位技能培训和就业技能培训。

图书在版编目（CIP）数据

职业道德与职业素养 / 人力资源社会保障部教材办公室组织编写 . -- 北京：中国劳动社会保障出版社，2022

中国特色企业新型学徒制培训教材

ISBN 978-7-5167-5575-4

Ⅰ.①职… Ⅱ.①人… Ⅲ.①职业道德－教材 Ⅳ.①B822.9

中国版本图书馆 CIP 数据核字（2022）第 197946 号

中国劳动社会保障出版社出版发行

（北京市惠新东街 1 号　邮政编码：100029）

*

北京市白帆印务有限公司印刷装订　　新华书店经销

787 毫米 ×1092 毫米　16 开本　10.25 印张　167 千字

2022 年 12 月第 1 版　　2024 年 4 月第 2 次印刷

定价：29.00 元

营销中心电话：400-606-6496

出版社网址：http://www.class.com.cn

前　　言

为贯彻《关于加强新时代高技能人才队伍建设的意见》文件精神，落实《关于全面推行中国特色企业新型学徒制　加强技能人才培养的指导意见》（人社部发〔2021〕39号）有关要求，适应规范化、标准化、制度化开展企业新型学徒制培训对教材的需求，建立完善适应新时代企业新型学徒制培训需求的高质量教学资源体系，人力资源社会保障部教材办公室组织有关行业、企业、院校和培训机构的专家编写了中国特色企业新型学徒制培训教材。

中国特色企业新型学徒制培训教材依据国家职业技能标准、职业培训课程规范等进行开发。以培养劳模精神、劳动精神、工匠精神为引领，主动对接学徒生产实际，强化职业道德、职业素养及职业能力培养，积极适应产业变革、技术变革、组织变革和企业技术创新等需求。以工作过程、学习行动、问题解决为导向，有机融合理论培训与实践培训内容，贴近学徒实际水平、贴近企业实际需要、贴近岗位工作现场。

中国特色企业新型学徒制培训教材包括通用素质课程教材和专业基础课程教材两类。其中，通用素质课程教材注重对学徒综合素质和可迁移技能的培养，促进其具备良好职业道德、职业素养及职业能力，能够安全胜任岗位工作；专业基础课程教材注重对学徒专业基础知识和基本技能的培养，促进其适应有关职业（工种）技能的学习。

首批开发的中国特色企业新型学徒制培训教材依据通用素质课程培训大纲、机械类专业基础课程培训大纲、电工电子类专业基础课程培训大纲、汽车类专业基础课程培训大纲编写，具体包括《劳模精神　劳动精神　工匠精神》等9种通用素质课程教材，以及机械类、电工电子类、汽车类等专业大类的10种专业基础课程教材。

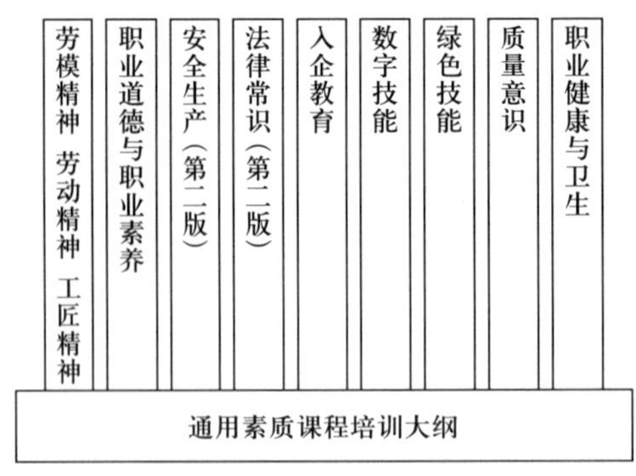

通用素质课程教材体系

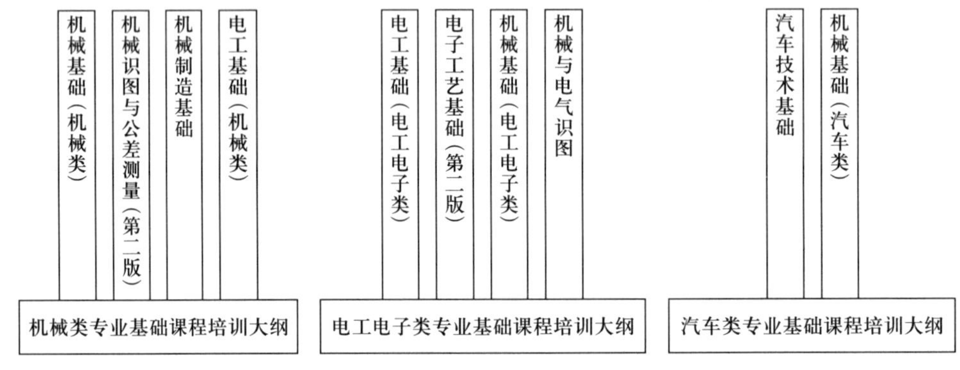

专业基础课程教材体系

本教材是开展中国特色企业新型学徒制培训的重要教学资源。主体读者对象为参加企业新型学徒制培训人员，也适用于企业岗位技能培训和就业技能培训人员。

本教材由济南市技师学院杜喜亮、张蓉担任主编，徐健、马海漫担任副主编，张蓉、马海漫负责统稿，常卫霞、王宁主审。本教材第 1 章由杜喜亮、徐健编写，第 2、3 章由张蓉、由丰收编写，第 4 章由高原编写，第 5 章由马海漫编写，第 6 章由高原编写。本教材在开发过程中得到了北京、内蒙古、辽宁、浙江、山东、河南、广东、重庆、陕西等地人力资源社会保障厅（局）及济南市技师学院、山西交通技师学院、淄博技师学院等企业、院校、培训机构的大力支持与协助，在此一并表示衷心的感谢。欢迎读者对完善本教材提出宝贵意见。

人力资源社会保障部教材办公室

目录

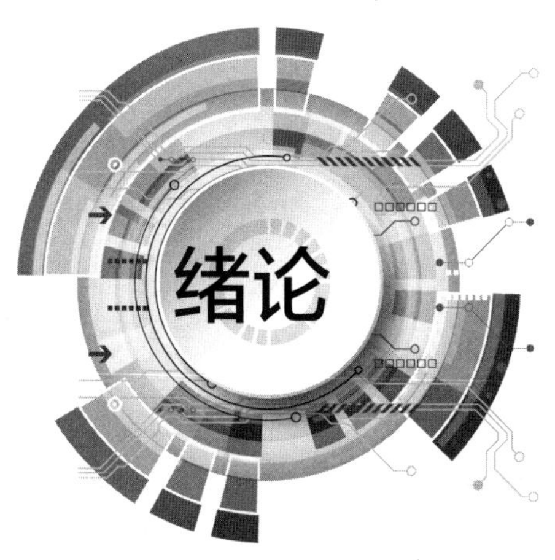

对大多数人而言，为了生存，都需要有一份工作。如果仅仅把工作当成谋生的手段，就会将工作当成“苦役”，即使所做的是自己最喜欢的事，也不能保持持久的工作热情，这样就很容易在工作中得过且过，难有大的作为。但是如果把工作当成自己的事业，情况就会完全不同。工作绝不只是养家糊口的任务，更是一种实现自我价值的方式，每一个工作岗位都是员工施展才华、迈向成功的平台。在这样的平台上，员工应通过提升自身职业道德和职业素养，更好地经营自己的工作。

一、个人为什么需要职业

职业是个人所从事的服务于社会并作为其主要生活来源的工作。职业作为一种社会现象，是生产发展和社会分工的产物，并随着生产力水平的提高和生产需要的增加而不断发展。随着科学技术的进步，生产社会化和专业化程度越来越高，社会分工越来越细，涉及生产生活方方面面的各种职业也随之出现。

当今社会，职业对于个人具有十分重要的意义。职业是人们谋生的手段，也是发展自我、完善自我的主要途径。人们专注于做好工作，就能获得更好的生活，实现人生的梦想和价值。人们在职业活动中承担一定的社会职责，同时也在职业活动中获得尊重和归属感。

二、员工为什么要遵守职业道德

职业道德是从事一定职业的人在职业活动中应当遵循的具有职业特征的道德准则和行为规范，涵盖了从业人员与服务对象、职业与职工、职业与职业之间的关系。职业道德是对从业人员的基本要求，是每个从业人员在职业活动中都应该遵循的行为准则，也是从业人员对自己职业行为规范的约束和操守。每种职业都担负着一种特定的职业责任和职业义务，不同职业的职业责任和义务不同，从而形成各职业特定的职业道德的具体规范，如教师的教书育人、医生的救死扶伤、法官的秉公执法、官员的公正廉洁、商人的诚信经营、工人的质量与安全等，都反映出自身职业的道德特点。

职业道德是一种精神层面的指导思想，也是一种行为准则，对各行各业的从业人员在日常工作、日常行为、待人接物等方面起着具体的指导作用，是广大从业人员勤恳工作、在平凡岗位上发光发热的行动指南。我国《新时代公民道德建设实施纲要》提出了职业道德的主要内容是：爱岗敬业、诚实守信、办事公道、热情服务、奉献社会。良好的职业道德是在长期的学习和职业生活实践中，通过持续的自我教育、自我改造和自我完善而巩固并发展的。职业道德大多不具有实质约束力和强制性，而是通过员工自律实现的。

在企业的选人、用人标准中有这样一句话："有德有才者重用，有德无才者育用，有才无德者慎用，无才无德者弃用"。这里的"德"指的就是职业道德，"才"一般指职业能力。社会需要的是高技能人才，而高技能只有在良好的职业道德基础上才能转化为现实的生产力。

三、员工应具备哪些职业素养

职业素养体现了职业内在的规范和要求，是员工在任职过程中表现出来的综合素质，是职场成功的关键。职业素养具有专业性、稳定性、内在性、整体性和发展性的特征。一般来说，职业素养高的人在职业发展过程中获得成功的机会更多，更易于取得成就。

显性素养和隐性素养综合构成了一名员工所具备的全部职业素养。显性素养包括职业形象、职业能力、职业习惯；隐性素养包括职业理想、职业意识。一名合格的员工不仅要具备良好的显性素养，还要具备优秀的隐性素养。

四、如何理解职业道德与职业素养的关系

职业道德和职业素养是相辅相成、相互促进的。职业道德是职业素养的奠基石，良好的职业道德有利于职业素养的形成和提升。一名具备良好职业素养的员工，往往也更加注重自身职业道德的培养。

职业道德与职业素养的关系及结构如下图所示。

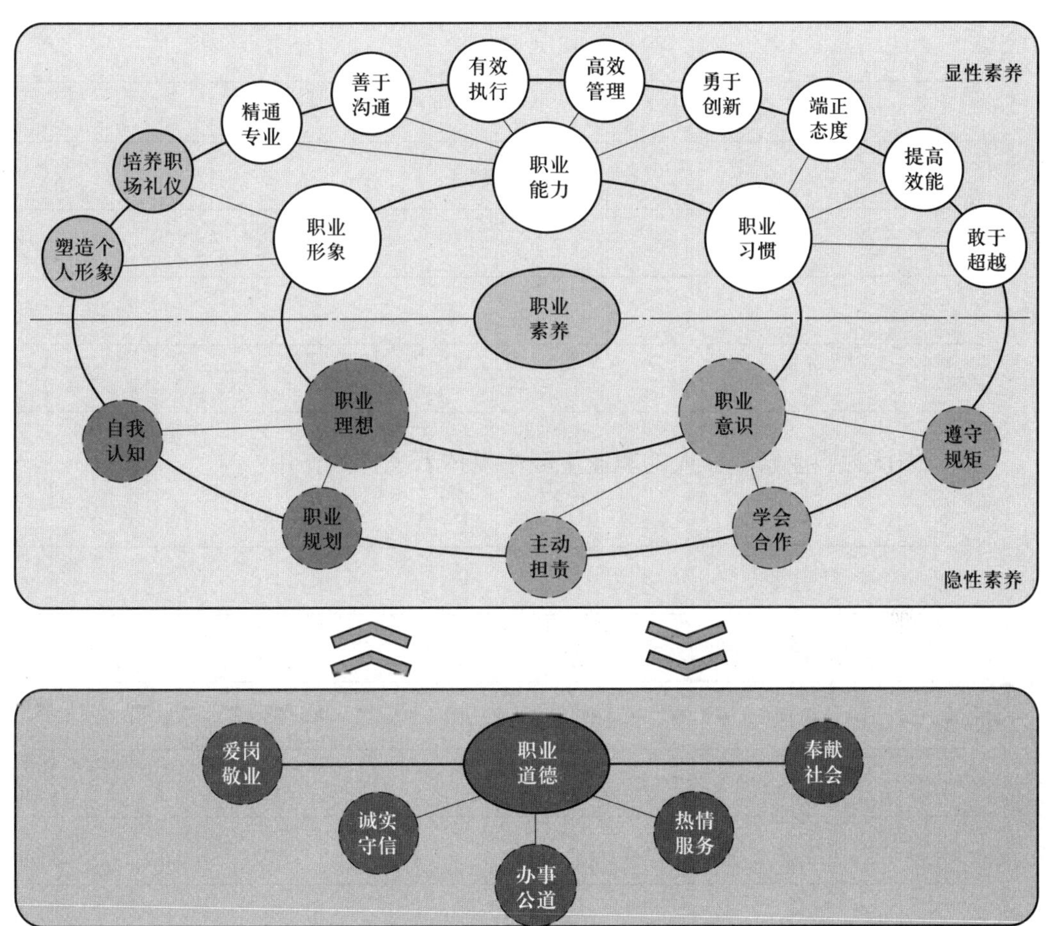

职业道德与职业素养关系及结构图

主动且有意识地对职业行为进行训练，就会形成良好、稳定的职业道德。员工应在培养自身职业道德的基础上，不断提升自己的职业素养，按照职业道德基本原则和规范，在职业活动中通过有意识的训练和培养，可以树立职业理想、增强职业意识、塑造职业形象、提升职业能力、养成职业习惯、砥砺职业品性。

良好的职业道德和稳定的职业素养是做好工作的基础和条件，是员工实现个

人价值、人生梦想的前提。每一名员工都应为社会主义现代化强国建设、为实现中华民族伟大复兴的中国梦贡献自己的力量。

即学即用

1. 根据所学内容，结合你的工作岗位，谈谈你对职业道德和职业素养的理解。请完成以下练习。

（1）在社会主义市场经济条件下，注重职业道德的提高与进步有何重要意义？

（2）你认为职业素养在人的职业生涯中发挥着怎样的作用？

（3）职业素养主要体现在哪些方面？

2. 以下是某企业在《员工手册》中提出的要求，请你分析这些要求属于职业素养的哪一方面？

序号	企业要求	职业素养
1	自觉遵守各项规章制度	
2	熟悉业务	
3	工作责任心强，工作积极	
4	全年出勤率不低于 95%	
5	有改革创新精神	
6	自觉维护企业声誉	
7	团队协作，勤奋工作	
8	坚持不懈地身体力行“5S”管理	
9	善于学习，不断自我反思	
10	持续改善，永不自我懈怠	

3. 学习你所在企业的《员工手册》，完成以下练习。

（1）你所在企业对于员工的任职要求是：

（2）你所在企业对于称职员工的评定标准是：

（3）你所在企业对于优秀员工的评定标准是：

（4）仔细分析，你所在企业更看重员工哪些方面的职业素养？

（5）结合企业要求和自身发展需求，拟订你在该企业的职业发展规划（可以是长期规划，也可以是中短期规划）。

4. 选择你的一位企业导师，做一次访谈，了解导师的从业历程及其对所从事职业的认识，向他请教个人职业发展的“秘诀”，完成以下练习。

导师姓名：________ 年龄：________ 技术技能等级：________________

职业（岗位）名称：__________________ 从业年限：____________________

取得的荣誉：____

（1）简要介绍这位企业导师的工作内容及工作事迹（100 字以上）。

____

____

____

____

____

（2）结合所学内容，分析导师工作中体现出的职业素养有哪些。

____

____

____

____

____

____

____

____

____

____

____

____

职业道德

在我国，爱岗敬业、诚实守信、办事公道、热情服务、奉献社会是职业道德的基本规范，其核心是为人民服务。

1.1 爱岗敬业

爱岗敬业作为基本的职业道德规范，是人们对工作态度的普遍要求。爱岗就是热爱自己的工作岗位，热爱本职工作；敬业就是用一种严肃的态度对待自己的工作，勤勤恳恳、兢兢业业。爱岗敬业是对员工的普遍要求，爱岗和敬业是紧密联系在一起的，爱岗是敬业的前提，敬业是爱岗的进一步升华，是对职业责任、职业荣誉的进一步深刻理解和认识。员工在工作中做到爱岗敬业，不仅能在职业中获得个人成就，还能在职业中实现社会价值。

爱岗敬业就是立足本职岗位，做到乐业、勤业、精业。

1.1.1 乐业

乐业是员工对所从事的职业怀有浓厚的兴趣，热爱自己的工作并可以从中获得快乐。近代思想家、文学家梁启超曾在《敬业与乐业》的文章中写道：“凡职业都是有趣味的……因为每一职业之成就，离不开奋斗……一步一步的奋斗前去，从刻苦中将快乐的分量增加。”要做到乐业，首先要尊重、热爱自己的工作，尤其要提倡“干一行，爱一行”。

（1）尊重工作

工作本身是客观的，没有高低贵贱之分。员工在工作岗位上能否做出成绩，不在于工作本身，而在于员工对工作的态度。一个时刻对自己的工作持有尊重态度的人，会在工作中不断实现自身的价值，让自己的工作趋于完美；而对工作缺乏尊重的人，一旦碰到他眼中“微不足道”的工作，必然不会珍惜工作、踏实工作，到头来只能把自己推向碌碌无为的境地。

工作本身没有贵贱之分，对于工作的态度却有高低之别。许多能力相近的员工，由于他们对岗位工作的态度不同，在工作中会逐渐产生差距。尊重工作的员工，无论将他们放到什么样的岗位上，他们都会一如既往地表现出积极进取的工作作风，也只有这样的员工才可能被委以重任。

那些整日抱怨自己工作枯燥、卑微，轻视自己所从事的工作的员工，自然无法全身心地投入工作。在工作中，他们往往敷衍塞责、得过且过，将大部分心思用在如何摆脱现在的工作环境上。这样的员工在任何地方都不会有所成就，因为他们根本不明白：不能用正确的态度对待此时的工作，就更不可能在未来的工作中尽职尽责。

因此，作为员工，无论在什么样的工作岗位上，都不能轻视、怠慢自己的工作。如果你能在平凡的岗位上始终如一地坚持把工作做好，那么，在不久的将来，你必能突破平凡，走向优秀。

【案例】

在2019年10月1日的国庆阅兵群众游行队伍中，非常引人关注的是1 000名“快递小哥”走过天安门广场，这是快递员队伍首次参加这样的群众游行活动。这1 000名“快递小哥”中就有2017年荣获全国“五一”劳动奖章、累计送出近22万个包裹而零差评的宋学文，他也是第一个拿到此殊荣的快递员。2019年，他骑上电动车背上快递箱，在国庆阅兵中骄傲地走过天安门。如何把平凡工作做得不平凡，宋学文说道：“一名普通的‘快递小哥’，让大家都满意的诀窍就是把每天都当作自己工作的第一天来对待。”他还说：“希望通过我们的努力，把这个城市建设得更好一点。”

生活中，无论是“外卖小哥”、环卫工人，还是公司白领、医护人员，只要为梦想而奋斗，干一行爱一行，把本职工作完成好，不管身处哪个岗位，都可以绽放光彩，都能体验到荣誉感与幸福感。职业并无“高大上”与“丢面子”的区别，每个职业都值得被尊重，每个努力奋斗的人都值得被温柔以待。人生要想有更大的成就，就必须尊重自己的工作，你若尊重工作，工作也定会回馈你。

（2）热爱工作

员工只有热爱自己的工作，才可能把工作做到最好，才能称得上敬业。

敬业的员工在工作时能以自强不息的精神和火焰般的热忱，积极发挥自己的能量。即使做的是最平凡的工作，也要成为技艺最精湛的人；即使到最艰苦的地方去工作，也仍然不改变积极进取的工作作风。

［案例］

王杰是一家汽车修理厂的修理工，从进厂第一天起，他就喋喋不休地抱怨，“修理这活儿太脏了，瞧瞧我身上弄的”“真累呀，我简直讨厌死这份工作了”……每天，王杰都在抱怨和不满的情绪中度过，认为自己在受煎熬，像奴隶一样卖苦力。因此，稍有空隙，王杰便偷懒耍滑，应付手中的工作。

转眼几年过去了，王杰的3个工友各自凭着精湛的手艺，或另谋高就，或被工厂送进大学进修，唯有王杰，仍旧在抱怨声中做他讨厌的修理工作。

大家想想自己是不是也像王杰一样对自己的工作不满呢?

一个人在选择职业时，能够从事自己喜欢的工作的概率很低，大多数人只能从自己不喜欢的工作开始。所以，与其厌恶工作，不如放下负面情绪，让自己先喜欢上已有的工作，做到“干一行，爱一行”，这样才能专心致志地做好工作。敬业虽有益于工作，但员工本身才是最大的受益者。当我们将敬业变成一种习惯时，我们就能从中学到更多的知识、积累更多的经验，就能从全身心投入工作的过程中找到工作的快乐。这种习惯或许不会有立竿见影的效果，但可以肯定的是，当“不敬业”成为一种习惯时，最有可能毁掉的是员工的职业生涯。员工只有具备了爱岗敬业精神，无业者才能有业，有业者才能乐业，乐业者才能实现自己的人生价值。

（3）感受工作的快乐

任何工作都蕴涵着许多乐趣，我们只有在工作中找到并享受这些乐趣，才能提高工作效率，把工作做得更好。

［案例］

胡总是某集团公司董事长，由于身体状况不佳，他想要在3个儿子中选择一个做集团的接班人，可他们都很优秀，难分伯仲，胡总绞尽脑汁，终于想出了一个好办法。于是，胡总给他们每人一份公司的人事档案叫他们分别去整理。

这是一项烦琐而枯燥的工作，胡总没有提供整理的方法，也没有提出上交时间、整理的效果等方面的要求，一切全凭他们对工作的理解和态度。

没过几天，大儿子第一个完成了任务，他拿着整理好的人事档案来给胡总看，胡总只是笑着点了点头。不久，二儿子也将整理好的人事档案送来了，虽然迟了些，但经二儿子整理的人事档案更整洁且条理清晰，胡总也笑着点点头。又过了一天，小儿子才将整理好的人事档案送来，胡总仍是笑着点了点头。

第二天，胡总召开董事会，宣布小儿子将作为他的继承人。胡总看着儿子们，语重心长地说："你们都很优秀，都是我的骄傲。我选择老三自然有我的理由，绝不是偏袒他。"顿了一下，胡总继续说道："在将人事档案分给你们之后，我经常暗中观察你们的工作情况，知道你们都非常慎重且认真。但老大在工作的第二天就表现出厌烦情绪，也许是考虑到事关重大，你虽然耐着性子去整理了，但是并没有安心工作，用时最短是想尽早了事。可以说你是在忍受这项工作。"

"老二做事情有板有眼，耐心细致，在整个工作期间表现得非常认真，档案整理工作也完成得非常好，可却像一台毫无思想的工作机器。你是被动地接受了这项工作。"

"老三就不同了，拿到档案之后，你并没有急于整理，而是翻来覆去地研究，表现出了强烈的兴趣。我看到你在初步整理之后，又做了大量修改，之后又重新打印了一遍，并把所有人按照部门重新排列了顺序。你是在享受工作的乐趣！"

胡总最后笑着说："这就是我选择老三的理由，因为他能从工作中发现并享受乐趣。一个公司的董事长有很多的事情要去处理，如果每天都在忍受这些繁杂的事务，或者被动地接受处理这些事务，他根本就做不好'当家人'，那怎么可能把一个集团管理好呢？"

工作是员工安身立命之本，员工必须善于在工作中发现乐趣、享受乐趣，才能把工作做好。在工作中享受乐趣，才是做好工作的强大动力。

1.1.2 勤业

（1）立足岗位、勤学苦练

勤业就是对自己所从事的职业倾情奉献，不计名利，不投机取巧，不懒散懈怠。勤业关系到员工的工作效率，也体现了员工的品质与追求。勤业要求我们有忠于职守的工作责任心、认真负责的工作态度和刻苦勤奋的工作精神。

很多企业车间里都贴着“今天工作不努力，明天努力找工作！”的标语。员工对“今天工作不努力，明天努力找工作”的危机感应有着更深的理解，要想不失业，最有效的办法就是珍惜自己现在拥有的工作，不断努力学习，不断提高自己的技能。只有这样，才有可能在以后的竞争中立于不败之地，才能更好地发展自己的事业。“今天我努力工作”不仅是一名员工对待工作的态度，还是减少后顾之忧、拓宽未来之路的最佳手段。

［案例］

未晓朋，中国核工业二三建设有限公司连云港项目部焊工班班长，在田湾二期建设中承担主管道焊接施工任务，而主管道是连接“心脏”的“主动脉”，他由此被誉为核电站的“心脏搭桥师”。

2004年开启焊接生涯那一刻，未晓朋就下定决心，要把焊接手艺学好学精。刚刚步入工作的他几乎每天都泡在焊工培训中心反反复复翻阅焊接书籍，认真进行手工操作练习，虚心请教，积累经验。同时，他还主动承担班里的很多零活杂活，平日里没有时间就加班加点地完成。很多人都笑着说他傻，但他从来不这么觉得，用他自己的话说：“干好零杂的小活，才有可能干好大活，多一次练习就多一次收获。”他的手上布满了大大小小的疤痕和老茧，完全看不出是一双三十岁的人的手。师傅把他的努力看在眼里，用心传授技艺、指导他的技术，未晓朋将师傅的每一句话、每一个焊接的动作都熟记于心，反反复复练习。焊工本来就是集“脏、苦、累”于一身的岗位，未晓朋在实际工作中从不挑肥拣瘦，常年的焊接工作，导致他眼睛流泪，皮肤脱落，但他从没想过放弃，他一遍遍地自我激励“只有付出才会有收获，只有努力才不会后悔”。通过勤学苦练，他摸索出一套独特的起弧手法，能满足立焊、横焊等不同要求，并在国际焊接技能大赛钨极氩弧焊中一举夺魁。在承担福清核电项目 1、2、3 号机组穹顶喷淋系统管道焊接安装任务时，穹顶最高温度高达 50 ℃，焊接难度极大，但未晓朋依旧坚守岗位，所有焊口一次性合格率 100%。

未晓朋曾荣获 2015 年“中央企业技术能手”、2017 年“河北省五一劳动奖章”、2018 年“北京青年五四奖章”等荣誉，并在 2017 年当选为党的第十九届人大代表。

正所谓技艺傍身的背后是数十载冬去春来的付出，是千锤百炼的锻造。未晓朋能在平凡的岗位上取得诸多傲人的成绩，与他勤奋务实、勇担重任、开拓创新的勤业精神密不可分。

（2）恪尽职守、履职尽责

岗位是干工作的平台，是担当工作责任的地方，在自己的岗位上恪尽职守、履职尽责是每个人应对工作时应有的操守。

【案例】

小张到一家钢铁公司工作还不到一个月，就发现很多炼铁的矿石并没有得到充分冶炼，矿石中还残留没被冶炼的铁，这样下去，公司会有很大损失。于是他找到了负责该技术的工程师，然而工程师很自信地说：“我们的技术是世界上一流的，不可能会有这样的问题。”小张拿着没有冶炼好的矿石找到了总经理，总经理经过检查发现，是监测机器的某个零件出现了问题，才导致冶炼不充分。总经理感慨道：“我们公司并不缺少工程师，但缺少敬业尽责的工程师！”

如果工程师能够履行职责、认真检查，而不仅仅是依赖机器，那么公司在生产中就会避免很多问题。敬业精神是责任的一种延续，一个对工作有敬业精神的人，会把职业当作自己的使命，这样的员工是真正有责任感的员工。如果没有责任心，敬业精神就只能是空谈。

1.1.3 精业

精业就是对自己从事的工作精益求精，使自己的业务水平、技术不断提高；精业就是不满足已有的成绩，见贤思齐，高标准、严要求，把自己培养成行家里手。

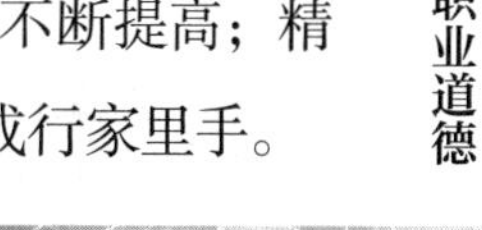

【案例】

宣纸是中国传统的古典书画用纸，有易于保存、经久不脆、不会褪色等特点，被人赋予“纸寿千年”之誉。

2017 年，在宣纸的故乡安徽泾县，上百名工匠齐心协力完成了“三丈三超级宣纸”的抄制，毛胜利成为这项吉尼斯世界纪录晒纸环节的“头刷”。

从学徒到“头刷”，毛胜利从事宣纸制作 35 年，经手晒制宣纸 600 多万张。毛胜利将刷纸的力道和手法拿捏得恰到好处，从最薄的“扎花”到最大的“三丈三”，他熟练掌握各类宣纸晒制工艺，先后参与了 17 项宣纸传统制作工艺技术革新。

在毛胜利的个人资料里，3 个数据格外醒目：每月工作出勤率 100%、每月平均完成工作任务 180% 以上、每月产品对路率达 95% 以上。由此可见，毛胜利从晒纸学徒工成长为晒纸大师，背后离不开夜以继日的付出。

乐业、勤业、精业三者相辅相成，乐业是爱岗敬业的前提，是一种职业情感；勤业是爱岗敬业的保证，是一种优秀的工作态度；精业是爱岗敬业的条件，是一种追求完美的执着。

【案例】

有个老木匠已经 60 多岁了，一天，他告诉老板，说自己要退休，回家与妻子儿女享受天伦之乐。老板舍不得木匠，再三挽留，而此时木匠决心已定，不为所动，老板只能答应。最后老板问他是否可以帮忙再建一座房子，老木匠答应了。

在建房过程中，老木匠的心已不在工作上，用料不再严格，做出来的活也全无往日的水准，可以说，他的敬业精神已不复存在。老板看在眼里、记在心里，但没有说什么，只是在房子建好后，把钥匙交给了老木匠，并说：“这是你的房子，我送给你的礼物。”老木匠愣住了，他已记不清自己这一生盖了多少好房子，没想到最后却为自己建了这样一座粗制滥造的房子。究其原因，就是因为老木匠没有把敬业精神坚持到底。

一个人做到一时敬业很容易，但要做到在工作中始终如一，将敬业精神当作自己的一种职业品性却难能可贵。敬业精神要求我们做任何事情都要善始善终，不论之前做得多好，都可能会由于最后的不坚持而前功尽弃。

1.2 诚实守信

诚实守信是中华民族优秀的传统美德，是从古至今人们最崇尚的道德品质。诚实守信就是忠诚老实、表里如一、言行一致、信守诺言，讲信誉，重信用，忠实履行自己承担的义务。诚实守信是为人处事的准则，也是员工职业道德的要求。党的十八大将诚信纳入社会主义核心价值观体系。作为公民必须具备的基本品质，诚实守信也是保证经济社会发展必须恪守的道德法则。

1.2.1 诚实做人

诚实守信是为人之本，员工只有首先具备了表里如一的诚实品质，才能在职业和社会活动中言行一致，忠实地履行自己应当承担的义务，这样才能获得他人、企业以及社会的认可、信任和倚重。一个人要想在社会立足，干出一番事业，就必须具有诚实守信的品德，这就是古人所说的“人无信不立”。当代社会，随着个人征信系统的建立和完善，小到信用消费，大到国家工程，诚信记录已日益成为一个人的第二张“身份证”，失信者将寸步难行。

［案例］

一个顾客走进一家汽车维修店，自称是某运输公司的经理，他对店主说：“在我修车的账单上多写点零件，我回公司报销后，给你一份好处。”店主拒绝了这样的要求。顾客纠缠说：“我管理的货车有几十辆，会常来的，你肯定能赚很多钱！”店主告诉他，这事无论如何也不会做。顾客气急败坏地嚷道：“谁都会这么干的，我看你是太傻了。”店主火了，要那个顾客马上离开。

这时顾客露出微笑并满怀敬佩地握住店主的手说：“我就是那家运输公司的老板，我一直在寻找一个固定的、信得过的汽车维修店，现在终于找到了！”

诚实做人，信守承诺，这样才能赢得他人的尊重和企业的认可，才能获得事业上的成功。

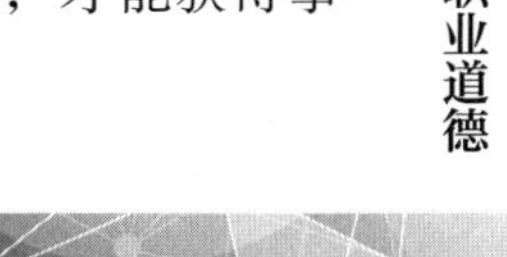

1.2.2 诚信做事

诚实守信也是做事的基本准则。一个企业的员工做事，既代表个人，又代表这个企业，如果企业员工做事不诚信，不仅会影响自身的发展，还会影响企业的信誉。

（1）诚信做事，重质量

产品的质量和服务的质量直接关系到企业的信誉，是企业发展和生存的根本。如果企业的产品质量优良、服务质量高，则企业的信誉就高，其产品就会让消费者信得过，企业就会拥有更大的经济效益和更强大的生命力。相反，如果企业的产品质量低下、服务质量差，则会使消费者感到自己受了欺骗，企业也就没有信誉可言，从而影响企业的经济效益和发展前景。

【案例】

中国贵州茅台酒厂（集团）有限责任公司（以下简称茅台集团）是国家特大型国有企业，长期以来，始终坚持以质求存。原董事长、世界级酿酒大师、著名白酒专家、国家级非物质文化遗产传承人季克良说："茅台酒的质量是我们的生命。"面对质量问题，他始终坚持质量第一的原则，并且提出"四服从"质量观——成本服从质量、产量服从质量、效益服从质量、速度服从质量。

产品质量是企业生存的根基，信誉是企业的未来，是企业发展壮大的重要保证。失信容易守信难，没有了诚信，企业将寸步难行。

（2）信守承诺，重信用

员工的意识和行为代表着企业形象。企业管理制度的建立和执行、企业的经营行为以及企业品牌建立和社会责任感的主体均是企业的员工，员工的一言一行都会影响企业的发展。因此，员工言行一致、信守承诺对企业的稳定和发展起着决定性的作用。我们所处的市场经济是以信用为基础的，在市场经济条件下，企业打造并遵行"言行一致"的职场文化，每位员工都信守承诺、重信用，企业和员工个人将会获得更好的发展。

【案例】

A是一位应届毕业生，由于缺乏工作经验，在与企业签订劳动合同时，她只提出了每月 2 000 元的工资要求。由于工作与她的专业比较对口，加上工作认真，学习能力又强，所以没多久，她就已得心应手。

然而第二年新来的应聘者却没有像她当初那样做事小心谨慎，在没有熟悉工作要求的情况下，就向单位提出每月 5 000 元的工资标准，单位竟然也同意并与之签了劳动合同。

A 心里很不是滋味，辛苦工作，总是努力将工作做到最好的她月薪却还没有新员工高，但是她明白抱怨没有丝毫用处，劳动合同为期 3 年，每月 2 000 元的工资也是自己提出的。

为了不变成言而无信的人，A 下定决心：先把剩下的两年干完，合同期满，再申请加薪或辞职离开。在接下来的时间里，A 工作更加勤奋，工作不断得到领导的认可和表扬。

3 年合同期终于结束了。A 鼓起勇气，主动走进经理办公室，准备辞职离开，经理非常热情地招呼她就座，还没等她把辞职报告拿出来，就把事先准备好的银行卡递到了她的手中。

“这个卡里是你最近 3 年内应得的劳动报酬，之前由于我们双方劳动合同的规定，没有给你加薪。但你 3 年内一直非常认真努力地工作，所以公司商议决定按照新职工的标准将你以前的薪水全部补上。”

听到经理的话，A 两年多来的心事终于了却了。经理又说：“如果你愿意，我们非常欢迎你继续留在本公司工作。”A 微笑着，从容地点了点头。

经理接着又宣布说：“从明天起，你就是分公司经理，月薪 7 000 元。公司相信你一定会在新的岗位上做出更好的成绩。”说完之后，经理和 A 相互信任地看着对方，双手紧紧地握在了一起。

案例中的 A 可能想不到，信守承诺会给自己带来如此丰厚的回报。假如当初 A 看到薪水的极大反差时，忘记了劳动合同上白纸黑字的承诺，她绝不会取得最终的回报和公司的高度认可。因此，企业员工在面对每一个承诺时，都要努力去将其兑现，只有这样才能做到事事守信，树立诚信口碑，成为一个值得信赖的人。每个人都渴望成功，为了让成功不再只是梦想，就要从现在培养诚信习惯，树立诚信意识，成为诚信的忠诚卫士。

（3）以诚相待，重服务

以诚相待、重服务，是赢得良好信誉、获得他人信任的最佳方法。

【案例】

辛静是某大型家电卖场中豆浆机销售专柜的一名导购。作为一名销售人员，她始终坚持以“五心”（诚心、耐心、爱心、细心、关心）级的服务标准严格要求自己。

辛静本着“干一行、爱一行、精一行”的精神努力钻研，不仅对自己销售产品的功能了如指掌，还利用闲暇时间翻阅了大量营养方面的书籍，虚心向营养专家请教，丰富自己的业务知识。去年冬天，一对老年夫妇走近她的柜台，通过交谈，辛静得知老先生患有糖尿病，听人说多喝豆浆有好处，所以想买一款研磨豆浆的机器，但夫妇俩在搅拌机与豆浆机之间犹豫不定。辛静告诉两位老人，搅拌机虽然价格便宜，但是常温下粉碎大豆会产生两种不利于人体吸收的酶；而豆浆机特定的 86 ℃打浆功能，可以把这两种酶完全分解掉。她还热心地提出了一份糖尿病的食疗建议。最后，两位老人毫不犹豫地买了一台豆浆机。

某天，一对新婚夫妇看中了一款大容量的全自动豆浆机，但辛静却劝他们选择一款容量小且价格低的机型。两位新人很困惑地说：“你卖台贵的提成不是更高吗？”辛静真诚地告诉他们：“卖贵的提成高是自然的，但我必须对你们负责。如果你们看上哪个就拿哪个，我的工作就失去了它本身的意义。我的工作就是帮助你们选择适合的产品，买大了利用率低，反而成了负担。只有利用率高，才物有所值。”夫妻俩觉得辛静的话很有道理，就买了容量小的那款豆浆机。

辛静对客户以诚相待，站在客户的角度思考问题，不但使自己的工作更有价值，也让客户满意和舒心。

有人认为最高明的推销术是“说服和尚购买梳子”，其实不然，真正成功的推销是站在客户的立场，时时刻刻为客户的利益着想，主动了解客户需求并帮助客户寻找真正适合他们的产品，而不只是为了自己眼前的利益，巧舌如簧地向客户推销他们并不需要的产品。

工作中，大部分员工每天都在重复着简单的工作，因此有的员工认为自己很渺小，没有惊天动地的成绩，也没有值得赞扬的事迹，自己的所作所为对企业来说不足挂齿。其实不然，每名员工都是企业的形象代表，都是企业价值的传递者。只要把工作当作事业去做，就能超越平凡的岗位，为岗位赋予无限的活力，给顾客带来更大的价值。

1.2.3 忠于企业

员工忠于企业是诚实守信的表现。忠诚是一种职业生存态度，每个企业的发展和壮大都是靠员工的忠诚来维系的。忠于企业的员工无论到哪里都会得到别人的信赖。对员工来说，对企业的忠诚主要体现在以下几个方面。

（1）目标一致，不推责

世上有两种忠诚，一种是掏钱买来的忠诚，是被动的忠诚；另一种是源于员工心中存有的崇高使命感的忠诚，是主动的忠诚。每名员工都是企业的雇员，都与企业存在着客观的雇佣关系。被动忠诚的员工本身不愿意长期服务于一家企业，一切从自己的利益出发，而不关心企业利益，“高工资、高回报”是他们付出忠诚的条件。而主动忠诚的员工内心对于自己与企业关系的定位已经超越了雇佣关系，他们心中有强烈的忠诚于企业的愿望，这种愿望使得他们的目标与企业目标高度一致，做事尽职尽责、一丝不苟、善始善终，从来不找任何借口，不推脱责任，能够与企业同呼吸、共命运。

【案例】

海尔所有电器的每个配件，哪怕是一根门封条、一颗螺钉、一块玻璃都有责任人。有一天安装车间的工人们安装完毕后，发现地上多了一颗螺钉，工人们没有下班，将已经安装好的100多台冰箱，一一拆开重新检查，不放过每个细节，直到深夜才回家。检查发现每台冰箱都没有缺少螺钉，而是仓库保管员在出库时多数了一颗造成的失误。工人们说：“没人逼我们这么做，但作为企业的主人，我们有责任这样做。”

作为企业员工，不管是部门经理、司机、推销员，还是生产工人、会计、库管员，只要你在企业这条船上，你的命运就会和企业的命运联系在一起，每位员工都有责任、有义务照管好这条船，所有企业员工同舟共济，企业的大船才能乘风破浪。

（2）维护信誉，共前行

忠于企业的员工懂得为客户提供最优质的服务，自觉维护企业的信誉，且绝不允许有损企业信誉的事情发生。一位专门做售后服务的海尔员工说："我必须在客户提出要求之后20分钟内到达客户所在地，并彻底解决问题。我的责任就是让海尔的每一位客户满意，让客户告诉大家，海尔真的很棒！"在问及他为什么会这样做时，他的回答是："我是一名员工，我必须忠诚于我的企业，任何有损海尔形象和利益的事情，我都必须杜绝。"

良好的信誉会给企业带来巨大的效益。员工为维护企业信誉而工作，就会主动争取做得更多、更好，承担更多的责任，会怀着满腔热情，为与企业共前行而全力以赴。

（3）视企如家，同发展

企业是管理者的，也是员工的，没有企业的发展，员工个人待遇的提升与自我发展也就无从谈起。员工的忠诚会使企业在时刻变化的市场中更具有竞争力。忠于企业的员工会视企如家，从一点一滴去关注企业的成长，不仅是对自己的前途和事业负责，也是对企业负责。在心中树立"企业是我家，发展靠大家"的思想，把企业当成自己的家庭去呵护，员工不仅会更喜爱自己的工作，还会把企业资产当成自己的财产去经营，努力与企业一起实现共同发展。

[案例]

上海汽车集团股份有限公司（简称"上汽集团"）总裁胡茂元17岁时就进入上汽集团的前身上海拖拉机厂当工人，靠着勤奋上进，他先后成为上海拖拉机厂厂长、上海汽车工业总公司副总经理、副总裁。在上汽与美国通用汽车公司的合作项目中，从国家立项、上海筹建到第一辆别克品牌的轿车下线仅用了23个月，在1998年投产的首年里就创下了销售额52亿美元、利润1.64亿美元的记录。1999年7月担任上海汽车工业（集团）总公司总裁，2004年他把上汽带入世界五百强，实现了上汽几代人的夙愿。2004年10月上汽并购韩国双龙后，又成功与英国罗孚、南汽合作。面对全球汽车巨头的强大竞争力，胡茂元要创造中国汽车的自主品牌，又带领上汽全面进军轻卡、重卡、微型车和大客车领域。

胡茂元在上汽干了三十多年，从学徒到总裁，三十多年来他对上汽的热爱与忠诚从未改变。他时时刻刻以主人翁的精神为上汽默默奉献，不管什么时候，他都把企业的利益放在第一位。

一个忠诚的员工，应有主人翁意识，从大局出发，将企业的利益摆在第一位，把企业的事当作自己的事。企业和员工是一个共同体，一荣俱荣，一损俱损。只有企业强大了，员工才能拥有更大的发展空间。员工只有忠于企业，才有可能得到企业的信任和赏识，并被委以重任。

（4）牢守机密，助成功

［案例］

王俊是一家电子公司很出名的工程师。这家电子公司规模不大，在日益激烈的市场竞争中，时刻面临着来自规模较大的美美电子公司的压力，处境很艰难。

有一天，美美电子公司的技术部经理邀王俊共进晚餐。在饭桌上，这位部门经理对王俊说："只要你把公司里最新产品的数据资料给我，我就给你很好的回报，怎么样？"一向温和的王俊一下子就愤怒了："不要再说了！虽然我的公司效益不好，处境艰难，但我决不会出卖我的良心做这种见不得人的事。""好，这事儿当我没说过！"这位经理不但没生气，反而颇为欣赏地拍了拍王俊的肩膀。

不久，王俊所在的公司因经营不善破产，王俊失业了，一时很难找到工作，只能等待机会。没过几天，他突然接到美美电子公司总经理的电话，说想见他一面。王俊疑惑地来到美美电子公司，出乎意料的是，总经理热情地接待了他，拿出一张非常正规的聘书，请王俊做技术部经理。王俊惊呆了，喃喃地问："你为什么这样相信我？"总经理哈哈一笑，说："原来的部门经理退休了，他向我说起了那件事并特别推荐你。小伙子，你的技术水平是出了名的，你的正直更让我佩服，你是值得我信任的人！"后来，王俊凭着自己的技术、管理水平和良好的诚信，成为一流的职业经理人。

一个能保守企业机密的员工无论到哪里都会受到企业的赏识。对企业忠诚的员工，不仅能得到企业的信任，还能得到尊严、荣誉以及大好前途。

1.3 办 事 公 道

办事公道就是站在公平公正的立场上，用同一原则、同一标准来处理事务、解决问题。办事公道要求人人都有正确的是非观，才能在处理事务时坚持原则、不徇私情，真正做到客观公正、照章办事。正如古人所说："人人好公，则天下太平；人人营私，则天下大乱。"

有些人认为办事公道主要是针对有一定职权的人提出的，普通员工不会存在办事公道的问题，但实际上办事公道是对每个从业人员的要求。一个人不管在什么岗位上，不管有无职权，都要与人打交道，处理各种关系，这样就无法避开"公道"二字。例如，企业员工接待客户不以貌取人，对西装革履的客户和衣着普通的客户都一视同仁，这就是办事公道；一个班组内，同事之间在工作上评判是非、沟通合作遵循既定的规则，不因关系的远近亲疏而有所改变，这也是办事公道。

1.3.1 坚持原则

办事公道要求企业员工在职业活动中坚持原则、不徇私情。没有原则就没有公道，徇私情就会失去原则，最后失去公道。所谓徇私情就是屈服于私人感情，把保持、维护私人关系看得高于国家利益、集体利益。俗话说"利令智昏"，私利会使人丧失原则，丧失立场。员工一旦内心有了杂念，有了私利，就无法做到办事公道。因此，只有不谋私利、坚持原则，才能光明正大、廉洁无私，真正做到办事公道。

在实际工作中，员工要做到公道正直，坚持原则。如果办事不讲原则，势必会损害自身信誉，影响个人的前途和命运。

1.3.2 公平公正

自古以来，秉公办事都被传为美谈。三国时期诸葛亮执法公正，挥泪斩马谡的故事被人千古传颂；宋朝的黑脸包公，几乎家喻户晓，人们敬仰他，敬称他为

"包青天"，也是因为他办事公道，秉公执法。

公平公正就是正直、不偏私，要求人们在处理事务、解决问题时，客观地对待所有当事人，不偏袒任何一方。公平公正不仅要具有较高的办事能力和工作水平，还要具有科学的态度和正直无私、清正廉洁的道德品质。例如，电信部门的服务人员，认真热情地接待每一位前来办理业务的顾客，无论男女老少，无论美丑富穷，必定会让每位顾客感受到温暖。

员工公平公正处理好各种关系，使工作能够顺利地开展，并由此树立自己良好的职业形象。对企业而言，员工做到公平公正，在企业内部会形成一种凝聚力，增强团队协作的合力，提高工作效率，促进企业的发展；对个人而言，公平公正能提高自己的产品质量和服务水平，在为企业赢得较好信誉的同时，也会使自身得到长足的发展。

1.4 热 情 服 务

职业的社会性决定了所有职业活动都是按照职业分工相互提供服务的过程，是"人人为我，我为人人"的体现。热情服务要求发自内心地为服务对象提供服务，在服务过程中全心全意、真心实意、充满善意。一切以人民群众的利益为出发点和最终目标，员工要立足本职工作，明确自己的岗位职责，做好每一项工作，为群众提供高质量、高标准的产品或服务。

［案例］

杨秀娟，1996 年参加工作成为山东德百集团的一名员工，二十多年的时间里，她勇于担当，苦练技能，为顾客提供更加便捷的服务。她每天努力学习、反复练习，掌握了"焊接首饰"技能，不但取得了"珠宝首饰鉴定师"的资格证书，还自创并练就了"黄金熔点短时焊接"的巧焊首饰绝技，填补了企业首饰维修的空白，并获得"全国商业服务业先进个人""全国黄金珠宝首饰行业优秀营业员""全国劳动模范"等荣誉称号。

杨秀娟不断用自己的热情服务、精湛技能打动着每一名顾客。从出现首饰问

题后的“修理师”，到接受咨询、解惑答疑的“导购员”，她与很多顾客成了老朋友。2012 年 7 月的一天，一位女顾客通过电视媒体得知德百杨秀娟品牌工作室，便专程从河北赶来，拿出一枚在国外购买的价值 50 多万元的群镶 7 粒大颗钻的钻戒，希望杨秀娟把圈口加大。女顾客表示已经咨询过多个维修点，不是技术达不到，就是以风险太大为由拒绝，现在只能看着这款喜欢的钻戒，却无法佩戴。

看着顾客焦虑的神情，考虑再三后，杨秀娟顶着多重压力，决心一试。她足足用了一个半小时，后背和手心都已湿透，当她把扩好圈口的钻戒完美呈现在顾客面前时，顾客喜笑颜开地称赞道：“真是达到国际水准了，真牛！”

杨秀娟表示，看到从自己手中修复好的物品完美呈现给顾客，是自己最幸福的时刻。因为无论这件物品价格高还是低，对于顾客来说或是一份寄托，或是一个念想，都是无价的。杨秀娟用真心打动了顾客，真正做到了全心全意为顾客服务。

1.4.1 服务好企业

对员工来说，热情服务社会的第一步就是服务好企业。服务好企业包括处理好与上级、下级、同事之间的各种关系，使团队成员之间关系和谐，顺利完成工作任务，各种信息可以顺畅地上传下达等。在工作实践中，员工可以从以下两个方面来开展工作。

（1）站在企业的角度思考问题

员工要站在企业的角度观察日常工作中遇到的问题，及时向部门领导反映各种情况，同时提出自己的看法与建议，久而久之，就会逐渐成长为企业的骨干。

【案例】

一家制衣公司亏损 2 000 多万元，连给员工发工资都困难。员工小刘想，作为企业的一员，就要为企业服务，一定要设法把企业从困境中解救出来。这种强烈的归属感使他主动找到老板商议方法，最终决定把生产成人服装改成适合儿童需求的特色服装，结果上市后供不应求。因为小刘处处为公司的发展着想，公司为他提供了更大的发展空间，使他逐渐成长为公司的骨干。

很多人都有自己做事是为了企业和公司的感觉，想着这又不是我的公司，我这么辛苦为什么。很多人可能会感慨自己的付出与获得的肯定和报酬不成比例，但是我们必须时刻提醒自己：我们是在为自己做事。我们只有将单位当成自己的家，将工作当成自己的事业，更加努力、更加勤奋、更加负责，个人才会有更多的成长和收获。

（2）多学多看，每天多干一点点

要想服务好企业，除了站在企业的角度思考问题外，还要注意与同事之间建立团结和谐的关系，在工作当中多学多看，每天多干一点点，不断积累自己的工作经验，提升自己的工作技能，并在力所能及的范围内进行各种创新。

［案例］

方文墨是航空工业沈飞标准件中心钳工、高级技师，航空工业首席技能专家，先后荣获全国五一劳动奖章、中国青年五四奖章、全国技术能手、辽宁省特等劳动模范等荣誉。2019 年，方文墨被中央宣传部和中华全国总工会授予“最美职工”荣誉称号，他创造的“0.003 毫米加工公差”被称为“文墨精度”。

方文墨技校毕业后被分配到沈飞公司工作，他所在的分厂承担了为飞机操纵系统标准件加工零件的任务，钳工班需要为这些零件做最后一道手工精密加工。这项工作不仅要熟知机械加工所涉及的各个工序、各种材料以及机械原理、力学原理等相关知识，还要掌握钳工自身的加工技术技能，尤其要具有掌控加工精度的高超本领。方文墨平时经常加工的零件平面一般是火柴盒大小，每个表面起码得锉修 30 下才能达到尺寸精度要求，他每天完成往复单一甚至枯燥的锉修动作 8 000 多次，并把每一次锉修当成提高技艺的台阶。为了全面掌握专业技术知识，方文墨不仅白天在厂里勤学苦练，晚上回到家还系统地学习专业理论和工艺方法。多年来，他购买的专业书籍多达 400 余本，并整理了 20 余万字钳工技术资料。除此之外，方文墨还利用业余时间攻读了成人高考，先后拿下了机械电子工程专业的专科和本科文凭，并在 26 岁荣获振兴杯全国青年职业技能大赛机修钳工冠军。

他总是这样告诉自己：作为一名共产党员，就要多干一些，多付出一些，冲在别人前面。他对待工作总是充满了热情，是厂里出了名的“拼命三郎”。这些年来，方文墨始终没有停下学习的脚步，他深知在当今科技发展突飞猛进的时代，

加工技术不断更新换代，只有不断地学习才能适应企业发展的需要，才能为企业多做贡献。在工作中，每当自己有了新的加工方法和技术心得，方文墨总会无私地将技术经验与同事们一起分享，帮助大家少走弯路、少出废品。

方文墨除按时完成本职工作外，还在管理工作中身先士卒，每天下班后带领徒弟们进行基本功训练。在公司和沈阳市的技能比武中，“方文墨班”的员工屡获佳绩，沈阳市技术大王、沈阳市技术标兵、沈阳市技术能手、公司技能带头人就占了班组人数一半以上，徒弟中7人获得高级技师职业资格，班组也被誉为“高手团队”。在2018年沈阳市、辽宁省、全国职业技能大赛中，他的徒弟分别包揽了钳工工种第一名的好成绩。方文墨说：“徒弟们有了好成绩，就证明我们的航空产品质量有了更好的保证。”

“合抱之木，生于毫末；九层之台，起于累土；千里之行，始于足下。”每个人的成功都不是一蹴而就的，量变会引起质变，每天多学一点点，就是进步的开始；每天多做一点点，就是成功的开始；每天多创新一点点，就是领先的开始；每天多进步一点点，就是卓越的开始。踏踏实实过好每一天、走好每一步，企业因我们的努力而受益，我们也会因努力收获更加美好的未来。

1.4.2 服务好客户

服务，简单说就是为别人提供方便，服务好客户就是全心全意为客户提供方便。服务好客户总的原则是用心、真诚、履行承诺，具体内容如下图所示。

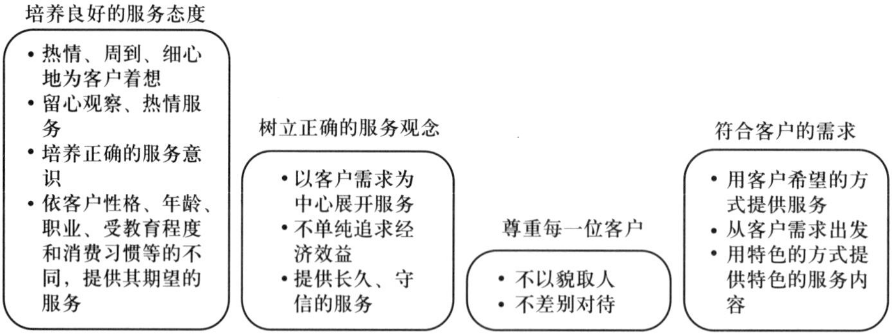

培养良好的服务态度

- 热情、周到、细心地为客户着想
- 留心观察、热情服务
- 培养正确的服务意识
- 依客户性格、年龄、职业、受教育程度和消费习惯等的不同，提供其期望的服务

树立正确的服务观念

- 以客户需求为中心展开服务
- 不单纯追求经济效益
- 提供长久、守信的服务

尊重每一位客户

- 不以貌取人
- 不差别对待

符合客户的需求

- 用客户希望的方式提供服务
- 从客户需求出发
- 用特色的方式提供特色的服务内容

在激烈的市场竞争中，企业之间的竞争在很大程度上是服务的竞争。要想在竞争中脱颖而出，企业的服务就要独具匠心，拥有自己的特色和个性，以满足客户多方面的需求。员工在服务客户的过程中要把握好客户的特点和需求，因人而异，有针对性地为客户提供满意的服务。

1.5 奉献社会

奉献社会是社会主义职业道德的本质特征，是职业行为的最终归宿，是检验职业行为的价值标准。奉献社会是一种忘我的、无私的高尚情操，是成就幸福人生的桥梁，是实现美好梦想的途径。

员工无论身处什么行业、居于什么岗位、从事什么工作，自觉做到爱岗敬业、努力工作，这本身就是在为社会做贡献。具体而言，对奉献社会，我们可以从以下三个方面来理解和努力：一是自觉、自愿为他人、为社会贡献力量，坚持把公众利益、社会效益放在第一位，积极工作；二是有为社会服务的责任感和使命感，充分发挥主动性、创造性，竭尽全力；三是不计报酬，完全出于自觉精神和奉献意识。

【案例】

蒋敏，女，羌族，1980年9月出生，中共党员，2001年10月参加公安工作，是四川省彭州市公安局政工监督室民警，三级警司。在汶川抗震救灾斗争中，蒋敏强忍失去亲人的巨大悲痛，毅然坚守工作岗位，日夜奋战在抗震救灾第一线，积极投身到抢救受伤群众、安置灾民生活等工作中，为保卫人民群众生命财产安全、维护灾区社会治安稳定做出了突出贡献。因连续奋战劳累过度，蒋敏身体极度虚弱，多次昏倒在抢险救援现场。蒋敏的先进事迹，充分体现了“人民公安为人民”和“忠诚可靠、秉公执法、英勇善战、纪律严明、无私奉献”的新时期人民警察精神。

1.5.1 处理好个人利益和企业利益的关系

企业与个人的关系正如海洋与水滴的关系，水滴既能在汇成的海洋中找到自己的位置，又能感受到海洋赋予的温暖和力量，二者之间是共生共荣、密不可分的依存关系。对个人而言，企业是施展个人才华、实现个人价值的舞台，这个舞台越宽广，环境越宽松，个人的价值体现就越充分。如果失去这个大舞台，自我价值的实现便会成为空谈。对企业而言，企业的发展源于每个员工的劳动和创造，员工实现自我价值的过程，就是企业蓬勃发展的过程。个人与企业相辅相成、相互推动，共同发展。

大力倡导奉献精神，讲求无私奉献，并不是否定和漠视个人利益。提倡奉献精神，并不是不尊重个人合法权益，也不是要求大家完全放弃或无谓地牺牲个人利益，而是强调个人利益服从企业整体利益，要求员工自觉地把企业利益放在首位，把个人利益融于企业利益之中，努力为企业利益多作奉献，在保障企业利益的基础上创造个人利益。

个人利益的获得要以企业集体的发展为前提，集体的发展离不开每个员工的贡献。企业集体利益体现着企业根本的、长远的利益，也体现着每个企业员工真正的、根本的利益。只有企业发展了，企业员工的利益才能得到保障。

1.5.2　处理好经济利益与社会效益的关系

奉献的目的是创造和谐的社会，提高社会效益。从长远看，社会效益更重要，追求经济利益的同时必须把社会效益放在首位。员工通过奉献提高自身素质，营造良好的工作氛围，提高工作效率，创造更大的经济效益，不仅可以保障自身的物质利益，还能提高社会效益，两者是相辅相成、共同发展的。

一名优秀的员工会在做好自己本职工作的基础上，再帮助他人做一些力所能及的事情，不会因为是别人的工作而袖手旁观。不计较个人利害得失，而是抱有企业事务人人有责的心态，这体现的就是一种奉献精神。

即学即用

1. 谈谈你对“德才兼备，以德为先”这句话的理解。可以结合你对自身岗位的认识，也可以通过描述身边某个榜样人物的事迹来阐述你的理解。

2. 结合你的工作实际，完成下面的“敬业度测试”，选择最符合你自己情况的答案，评估个人的敬业程度。

题目	选项
1. 不拿公共财物	A. 完全符合　B. 基本符合　C. 不符合
2. 在规定的休息时间后及时返回学习或工作场所	A. 完全符合　B. 基本符合　C. 不符合
3. 看到别人有违反院校或企业规定的举动，及时纠正	A. 完全符合　B. 基本符合　C. 不符合
4. 能够保守秘密	A. 完全符合　B. 基本符合　C. 不符合
5. 从不迟到、早退	A. 完全符合　B. 基本符合　C. 不符合
6. 不做有损院校或企业名誉的任何事情	A. 完全符合　B. 基本符合　C. 不符合
7. 不管能否得到相应奖励，都能积极提出有利于团队的意见	A. 完全符合　B. 基本符合　C. 不符合
8. 关心自己、同学或同事的身心健康	A. 完全符合　B. 基本符合　C. 不符合
9. 愿意承担更大的责任，接受更繁重的任务	A. 完全符合　B. 基本符合　C. 不符合
10. 向外界积极宣扬自己所在的团队	A. 完全符合　B. 基本符合　C. 不符合
11. 把团队的目标放在第一位	A. 完全符合　B. 基本符合　C. 不符合
12. 乐于在正常的学习、工作时间之外自发地加班加点	A. 完全符合　B. 基本符合　C. 不符合
13. 在业余时间学习与工作有关的技能，提升职业素养	A. 完全符合　B. 基本符合　C. 不符合
14. 在工作时间不做有碍工作的事情	A. 完全符合　B. 基本符合　C. 不符合
15. 为保证工作或学习绩效，善于劳逸结合，调节身心	A. 完全符合　B. 基本符合　C. 不符合
16. 积极寻找途径获得外界对自己所在集体的支持	A. 完全符合　B. 基本符合　C. 不符合
17. 对团队的使命有清晰的认识，认同团队的价值观	A. 完全符合　B. 基本符合　C. 不符合
18. 能享受学习和工作中的乐趣	A. 完全符合　B. 基本符合　C. 不符合
19. 导师或领导布置的任务，即使有困难，也会想方设法完成而不是敷衍了事	A. 完全符合　B. 基本符合　C. 不符合
20. 积极参加企业或团队组织的各项活动	A. 完全符合　B. 基本符合　C. 不符合

说明：A 选项为 5 分，B 选项为 3 分，C 选项为 1 分。总分为 40 分及以下者，敬业度较低；总分为 41～59 分者，敬业度一般；总分为 60～79 分者，敬业度上等；总分为 80 分及以上者，敬业度优异。

你的测评结果是：________________________________

你认为自己还应该在哪些方面做出努力？

____

____

3. 请阅读以下材料，完成相应的练习。

小王是某企业新入职的员工，谈及诚信，他是这样说的："现在房价这么贵，我们这样的'小年轻'，像样的房子都买不起，都在像电影里讲的那样'蜗居'，还能有劲头去修炼能力吗？还能有定力去诚实守信吗？许多人还不是有个变现获利的机会，就出售掉诚信算了。"

你认为小王的观点正确吗？请谈谈你对小王所说的这种现象的看法。（不少于200字）

职业理想

2.1 自我认知

2.1.1 正确认识自己

（1）自我认知的含义

自我认知是指员工个人对自己的了解和认识，包括认识自己的优点和缺点，了解并调整自己的情绪、意向、动机、个性和欲望，并对自己的行为进行反省等。清楚的自我认知能够使员工了解自己的职业价值观、兴趣、爱好、能力、特长、人格特征等，明确自己的优点和长处，也了解自己的弱点和不足。工作过程中，通过对自己的认知和总结，找到成功和失败的原因，从中汲取经验和教训，可以助力自己的职业生涯逐步走向成功。

（2）自我认知的作用

充分认识自我，能够帮助员工最大限度地发挥个人潜能。初入职场的员工往往容易高估自己的能力，盲目规划自己的职业生涯，使自己失去了许多机会。个人的职业生涯规划应该建立在对自己正确认知的基础上，并为自己制定贴合实际的发展目标和职业设想，在职业活动中不断发挥自己的潜能，逐步提升自己的职业成就感。

（3）自我认知的方法

自我认知是一个长期的、需要持续改进的过程，需要结合心理测量、自我反省、自我总结等简便易行的方法来完成。

1）职业价值观法。即明确自己最想要从工作中得到什么。职业价值观可以反映出个人对报酬、奖励、晋升或职业中其他方面的不同偏好。

2）职业兴趣法。即明确自己最喜欢干什么。兴趣是价值观的反映，必须与具体的任务或活动联系起来。员工从事的职业活动与兴趣相关度越高，其对工作的满意度就越高。

3）性格倾向法。即明确自己适合干什么。员工可以借助一定的性格测试工具来分析判断自己适合做什么样的工作。

4）才能潜质法。即明确自己能干什么。个人才能是职业生涯管理中的一个重要因素，可以反映一个人能够做什么或接受适当的培训后能够做什么。

综上所述，价值观、兴趣、性格和才能对一个人的职业生涯发展都会有影响。这些因素在某些方面是相互联系的，兴趣源于价值观，且与才能密切相关，人们喜欢从事自己擅长的工作，通过实践，人们往往可以在自己喜欢的工作中操作得更加熟练。员工进行自我认知时，应将价值观、兴趣、性格和才能视为一个整体进行分析。

2.1.2　坦诚接纳自己

（1）接纳自己的含义

接纳自己，既包括对自己的生理和心理状态、人际关系、社会角色的认可和接受，又包括对自己所处的现实环境的认可和接受。例如，接纳你的身高、体重、学历、家庭情况，接纳你喜怒哀乐的情绪变化，接纳你现在的职场状态，接纳你目前所面对的工作环境和生活环境等。

【案例】

2021 年度感动中国人物张顺东、李国秀夫妇是一对身残志坚的残疾人，付出了平常人千百倍的努力，养育一对儿女成长，还成功脱贫致富，诠释了“幸福都是奋斗出来的”这一真理。张顺东、李国秀夫妇二人加起来，只有一只手、一双脚。夫妇共用一手双脚相濡以沫29载，他的一只手，有力气也有“头脑”；她的一双脚，能切菜煮饭、能写字绣花、能取货找零。他们相互扶持，将一双儿女养大，又用辛勤劳作甩掉了贫困的帽子。他们说：“人再苦再难，也不能没有希望！”

张顺东、李国秀夫妇二人只有一双脚却走出了致富路，只有一只手却绣出了幸福花。这个案例告诉我们：接纳自己要接纳自己的全部，即便是残疾的身体、贫穷的环境，也要坦率、真诚地对待自己、对待他人、对待生活，只要付出努力，就一定能收获幸福。

（2）接纳自己时会遇到的问题

1）因和别人比较而责怪自己。

人们很容易在生活中和别人比较，容貌、地位、金钱等都可能成为比较的对象，而且会因为不如别人而责怪自己，感觉懊恼。但你要知道的是，比你成功的人，可能羡慕你的无忧无虑；比你有钱的人，可能羡慕你不用背负那么多责任。很多时候我们也会很焦虑甚至对自己的未来担忧，实际上，这就是一种无法接纳自己的表现。接纳不是要我们忽视自己的缺点，或者自以为是地认为自己是完美的，而是要认识到尽管自己是不完美的，但更是与众不同的，依然要认可自己、喜欢自己。

2）因遭遇失败而贬低自己。每个人在工作中既有成功的体验，也会有失败的体验，对待失败的态度决定了其可能获得的工作结果和工作体验。有的人遭遇失败，过分自责，甚至自我否定，怀疑自己的工作能力，消极、悲观，体会不到工作的乐趣，工作的结果必然一事无成。事实上，失败并不可怕，人们常说，失败是成功之母，我们要正确地看待失败，注重从失败中总结教训，不要让失败成为自我否定的“导火索”，而要让失败成为自己“走出失败”的“铺路石”，帮助自己成为更好的自己。

（3）接纳自己的意义

尺有所短、寸有所长，每个人都是不完美的存在，能够准确客观地认清自己，坦然接纳自己的不足，不仅是一种勇气，更是一种对人生负责的态度。

【案例】

卢仁峰，中国兵器工业集团首席焊接技师，中国兵器工业集团内蒙古一机集团焊工。1986 年，一场事故使焊接能手卢仁峰的左手被机器切断，后经过手术，左手虽然接上了，但已经完全丧失功能。然而，卢仁峰却做出了一个大家都没有想到的决定：继续做焊接工作。

车间里，与其他工人不同，卢仁峰不用左手拿着焊帽，而是在焊帽里加一段裹着胶皮套的粗铁丝，用嘴咬着。他的左手戴着一只加厚手套，四个手指的位置被缝到了手背上。整整 5 年，卢仁峰整天泡在车间，顽强坚持练习，靠给自己量身定做的手套和牙咬焊帽这些办法，用单手代替双手进行焊接操作，不仅恢复了过去的焊接水平，还再次成为厂里的焊接技术领军人。

卢仁峰虽然只有一只手，但几十年来交出的焊接产品一直保持着百分之百的合格率。他单手掌握了电弧焊、氩弧焊等十几种焊接方法，不仅能像健全人一样工作，还练就了熔化极氩弧焊、微束等离子弧焊、单面焊双面成型等绝活儿，他创新的“短段双向减应力技术”获得国家专利。

“独臂焊侠”卢仁峰的案例告诉我们：人的一生中会有很多挫折和磨难，我们应该有勇气改变能改变的，平静地接受改变不了的，坦诚地接纳自己、突破自我，不断朝着自己的目标努力，一定会实现人生的精彩。

余秋雨在《借我一生》中写道，人生的路，要靠自己一步一步去走，真正能保护你的，是你自己人生的选择。每个人都想要在这个复杂多变的世界里活得出彩，而决定自己命运的钥匙就掌握在自己的手中。你只有正确认清自己，坦诚接纳自己，尝试改变自己，才能成为更好的自己。

司马迁，西汉著名大史学家、文学家。意外横祸，使他身受“腐刑”，但他并没被逆境击倒。出狱后，以惊人的毅力，忍受残体的折磨，终于完成名垂千古的我国第一部纪传体通史《史记》，鲁迅称之为“史家之绝唱，无韵之离骚”。

真正的接纳自己，是坦诚接纳自己的一切，悦纳自己的不完美。每个人都有自己的长处和短处，对自己的长处要充分发挥，对自己的短处也要正确对待。大多数情况下，周围的环境并不能改变，解决问题的办法是改变自己，只有努力提高自己，才能实现人生的逆袭。

2.2 职业规划

职业规划是个人对自己职业发展道路的设想和规划，主要包括选择什么样的职业，在什么地区和什么单位从事这种职业，以及在这个职业队伍中担任什么职务等内容。员工的职业规划要遵循实事求是和切实可行的原则。

实事求是，即职业规划要建立在真实、准确的自我认识和评价基础上，一般可以从如下图所示的四个方面对自己进行全方位的认识和评价，具体内容如下图所示；切实可行，即职业规划要有可能实现，一方面要同个人能力、个人特质相符合，另一方面要充分考虑周围的客观环境和条件是否允许。

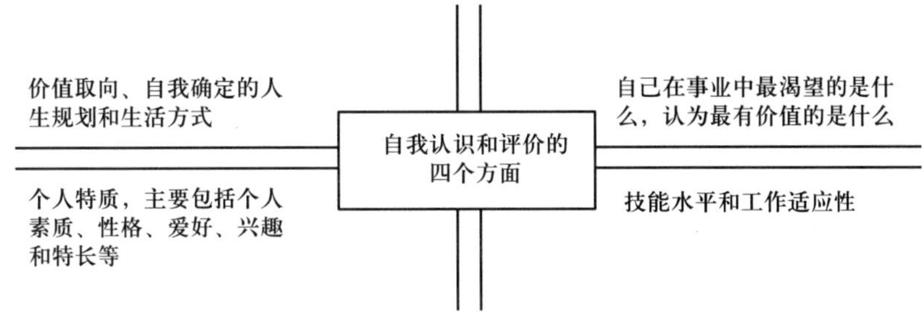

2.2.1 设定职业目标

职业规划的目标可分为职业长期目标、职业中期目标和职业短期目标。长期目标通常是员工在 5～10 年内计划实现的职业发展目标，中期目标是员工在 2～5 年内计划实现的职业发展目标，而短期目标则是员工 2 年内计划实现的职业发展目标。职业长期目标、职业中期目标和职业短期目标构成了一个金字塔式的目标体系，顶部是职业长期目标，底部是无数个职业短期目标，短期目标是中期目标和长期目标的具体化。

【案例】

陈行行毕业于某技工院校，在技工院校学习的这段经历让他找到了值得自己努力一生的方向。一次偶然的机会，陈行行意识到了一技傍身的重要性，立志多学一门手艺，做复合型的高技能人才。于是，他充分利用学校的专业条件，凭借

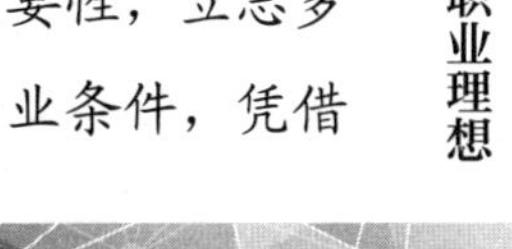

不懈的努力共获得12个职业资格证书，涉及电工、焊工、钳工、模具设计等共8个工种，成了名副其实的“考证达人”。陈行行说：“考证的目的不是拿到证书，而是通过这个过程让自己能多掌握一门技术，为自己今后的工作打下坚实的基础。”正是因为一专多能的特点，陈行行在以后的工作中有了更多的创新思路和方法。

2011年，陈行行应聘到中国工程物理研究院机械制造工艺研究所，从事高精尖产品的机械加工工作。他靠着全面的技能、扎实的编程功底和精湛的操作技术，在很短的时间内，又分别取得了加工中心高级技师、数控车技师、高级制图员等8个职业资格证书，掌握了多种铣削加工参数化编程方法、精密零件铣削及尺寸控制方法、成型刀具的手工刃磨方法。他不仅在新设备运用、新功能发掘、新加工方式创新等方面成为单位的领军人才，还在第六届全国数控技能大赛中荣获加工中心四轴赛项职工组第1名，又先后获得全国技术能手、全国五一劳动奖章等荣誉。2019年1月，29岁的陈行行当选2018年“大国工匠年度人物”。

“技能成就人生，学习创造未来”，这是陈行行为自己立下的人生信条。陈行行在技校时就设定好了自己的职业目标，并且细分为短期目标、中期目标和长期目标。上学时，他一有空就在机房练习，工作后，就趁下班后或者周末来练习，克服种种困难，为认准的目标不断努力，一个一个地实现了自己设定的目标。他曾说：“人生只有一次，不拼不精彩。我要凭着实力和勇气，大声说出‘我行’。”这也是激励他坚持下去并最后取得成功的秘诀。

2.2.2 规划职业路径

（1）选择职业规划路线

员工在确定职业规划目标后，应选择实现这一目标的职业规划路线，也就是沿着哪一条路线进行职业的发展，是走行政管理路线、专业技术路线，还是走经营路线，抑或是先走技术路线、再转向管理路线等。

不同的职业规划路线对员工各方面条件的要求也会不同。即使是同一职业也有不同的岗位，有的人适合做行政，可以在管理方面大显身手，成为一名卓越的管理人才；有的人适合做研究，可以在某一领域有所突破，成为一名专家；有的人适合做经营，可以在商海中建功立业，成为一名经营人才；有的人动手能力强、操作技能突出，可以在技能岗位上创造佳绩，成为一名优秀的技能人才。由此可见，职业规划路线的选择应以自身的能力为依据，如果一个人不具有管理才能，却选择了行政管理路线，那么他将很难成就事业。

职业规划路线的选择实际上是一个多阶段的、动态的整体决策过程，员工要根据职业规划目标定位，结合目前所处的位置和状态，首先倒推出自己大致的职业规划路线，包括大概分哪几个阶段、每个阶段大致的目标等；然后进行正推，即从现在到未来，这几个阶段性目标实现的可能性，并不断修正倒推出的职业规划路线。

（2）制订行动计划

根据职业规划目标和所选择的职业规划路线制订行动计划。目标应由长期向短期分解，而制订与目标相对应的行动计划时应先制订近期计划，然后由近及远，逐步推进。越近期的目标，相对应的行动计划应该制订得越详细；而对于长期的目标，其对应的行动计划则可以制订得适当粗略一些。

（3）实施行动计划

制订好计划后，一旦开始行动，就要坚持到底，只要目标没有改变，行动就不能停滞，否则短期目标没有完成，后续的目标就更难实现。这样一来，就会引起一连串的连锁反应，最初阶段性目标甚至职业规划目标都会变成形同虚设，所谓的职业规划就成了“纸上谈兵”。

“不积跬步，无以至千里；不积小流，无以成江海。”实施行动计划需要一点一滴地积累，不要小看一点点的改变，每天改变一点点，才会一步步向理想靠近，不断努力才会实现最终的目标。

2.2.3 调整职业规划

俗话说“计划赶不上变化”，影响职业规划的因素很多，有些因素的变化是可以预测的，有些因素的变化是难以预测的。要使职业规划行之有效，就必须不断地对职业规划进行评估、修正和调整。调整职业规划并不意味着轻易放弃自己的追求，而是让自己的规划更适应社会、更适合自己。

职业规划调整的方法主要有以下四种。

（1）目标度量法

职业规划目标是职业规划的核心，直接影响职业规划的成功与否。规划目标中的短期、中期和长期目标一旦确定，就形成了非常具有操作性的度量标准。在

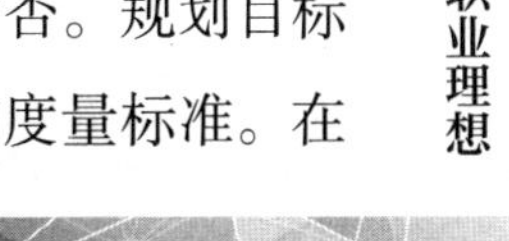

现实目标和规划目标之间纠偏的动态过程，也就是职业规划调整的过程。

（2）过程评估法

科学地制订职业规划固然重要，但从人生发展的角度来看，理想在现实中不一定都能够得以实现。但这并不意味着职业规划的失败，员工应该关注职业规划实施过程中各环节的质量，不断调整，不断修正。比如对自我的全方位认知、对职业环境的深度探索、对决策方法与技巧的掌握、阶段性目标的制定等，这些内容的完成质量对目标的实现都有着重要影响，员工应对每个环节都进行评估。

（3）局部调整法

实施职业规划的每一个环节都可能影响职业规划的实施效果，如设定的目标不适合自己，长期目标和短期目标相脱节，目标缺乏弹性，目标太容易或太难，确立的志向和自我评估有偏差，职业规划路线的选择有问题，制订的行动计划可操作性较差等。因此，实施职业规划的每一步都需要根据不同的情况进行局部调整。

（4）重新规划法

有时员工因对职业规划的基本概念掌握不充分，具体的职业规划步骤和方法应用不熟练，导致所制订的职业规划完全脱离自身实际，这时就需要对职业规划进行彻底调整，也就是重新规划。这种方法不建议多次使用，以避免“常立志而不立长志”的情况发生。

即学即用

1. 结合自己入职以来的所见、所学、所思、所想，给未来的自己写一封信，描述自己的职业规划。（不少于 300 字）

未来的我：

____

____

____

____

____

2. 拟订自己作为学徒向导师学习期间的学习计划（尽可能细化，以便于实施）。

时间	学习目标	学习内容

注：如需要，可另附页。学徒期结束后也可参照该表格为自己拟订各阶段的中短期职业规划。

3. 完成下面的练习，选择最符合你自己情况的答案。

题目	选项
1. 我周围的人往往觉得我对自己的看法有些矛盾	A. 完全符合　B. 基本符合　C. 不确定 D. 基本不符合　E. 完全不符合
2. 有时我会对自己在某方面的表现不满意	A. 完全符合　B. 基本符合　C. 不确定 D. 基本不符合　E. 完全不符合
3. 每当遇到困难，我总是首先分析造成困难的原因	A. 完全符合　B. 基本符合　C. 不确定 D. 基本不符合　E. 完全不符合
4. 我很难恰当地表达我对别人的情感反应	A. 完全符合　B. 基本符合　C. 不确定 D. 基本不符合　E. 完全不符合
5. 我对很多事情都有自己的观点，但我并不要求别人也和我一样	A. 完全符合　B. 基本符合　C. 不确定 D. 基本不符合　E. 完全不符合
6. 我一旦形成对事物的看法，就不会再改变	A. 完全符合　B. 基本符合　C. 不确定 D. 基本不符合　E. 完全不符合
7. 我经常对自己的行为不满意	A. 完全符合　B. 基本符合　C. 不确定 D. 基本不符合　E. 完全不符合
8. 尽管有时得做一些不愿意的事，但我基本上能够按自己的意愿办事	A. 完全符合　B. 基本符合　C. 不确定 D. 基本不符合　E. 完全不符合

续表

题目	选项
9. 一件事好就是好，不好就是不好，没有什么可含糊的	A. 完全符合 B. 基本符合 C. 不确定 D. 基本不符合 E. 完全不符合
10. 如果我在某件事上不顺利，我往往怀疑自己的能力	A. 完全符合 B. 基本符合 C. 不确定 D. 基本不符合 E. 完全不符合
11. 我至少有几个知心朋友	A. 完全符合 B. 基本符合 C. 不确定 D. 基本不符合 E. 完全不符合
12. 我觉得我做的很多事情都是不应该做的	A. 完全符合 B. 基本符合 C. 不确定 D. 基本不符合 E. 完全不符合
13. 不论别人怎么说，我的观点绝不改变	A. 完全符合 B. 基本符合 C. 不确定 D. 基本不符合 E. 完全不符合
14. 别人常会误解我对他们的好意	A. 完全符合 B. 基本符合 C. 不确定 D. 基本不符合 E. 完全不符合
15. 很多情况下我不得不对自己的能力表示怀疑	A. 完全符合 B. 基本符合 C. 不确定 D. 基本不符合 E. 完全不符合
16. 我朋友中有些是与我截然不同的人，但这并不影响我们的关系	A. 完全符合 B. 基本符合 C. 不确定 D. 基本不符合 E. 完全不符合
17. 与朋友交往过多容易暴露自己的隐私	A. 完全符合 B. 基本符合 C. 不确定 D. 基本不符合 E. 完全不符合
18. 我很了解自己对周围人的情感	A. 完全符合 B. 基本符合 C. 不确定 D. 基本不符合 E. 完全不符合
19. 我觉得自己目前的处境与我的要求相距太远	A. 完全符合 B. 基本符合 C. 不确定 D. 基本不符合 E. 完全不符合
20. 我很少去想自己所做的事是否应该	A. 完全符合 B. 基本符合 C. 不确定 D. 基本不符合 E. 完全不符合
21. 我所遇到的很多问题都无法自己解决	A. 完全符合 B. 基本符合 C. 不确定 D. 基本不符合 E. 完全不符合
22. 我很清楚自己是什么样的人	A. 完全符合 B. 基本符合 C. 不确定 D. 基本不符合 E. 完全不符合
23. 我能很自如地表达我所要表达的意思	A. 完全符合 B. 基本符合 C. 不确定 D. 基本不符合 E. 完全不符合
24. 如果有足够的证据，我也可以改变自己的观点	A. 完全符合 B. 基本符合 C. 不确定 D. 基本不符合 E. 完全不符合
25. 我很少考虑自己是什么样的人	A. 完全符合 B. 基本符合 C. 不确定 D. 基本不符合 E. 完全不符合
26. 把心里话告诉别人不仅得不到帮助，还可能招致麻烦	A. 完全符合 B. 基本符合 C. 不确定 D. 基本不符合 E. 完全不符合

续表

题目	选项
27. 在遇到困难时，我总觉得别人都离我很远	A. 完全符合　B. 基本符合　C. 不确定 D. 基本不符合　E. 完全不符合
28. 我觉得很难发挥自己应有的水平	A. 完全符合　B. 基本符合　C. 不确定 D. 基本不符合　E. 完全不符合
29. 我很担心自己的所作所为会引起别人的误会	A. 完全符合　B. 基本符合　C. 不确定 D. 基本不符合　E. 完全不符合
30. 如果我发现自己某些方面表现不佳，总希望尽快弥补	A. 完全符合　B. 基本符合　C. 不确定 D. 基本不符合　E. 完全不符合
31. 我认为每个人都在忙自己的事，很难与他人沟通	A. 完全符合　B. 基本符合　C. 不确定 D. 基本不符合　E. 完全不符合
32. 我认为能力再强的人也可能遇上难题	A. 完全符合　B. 基本符合　C. 不确定 D. 基本不符合　E. 完全不符合
33. 我经常感到自己是孤独无援的	A. 完全符合　B. 基本符合　C. 不确定 D. 基本不符合　E. 完全不符合
34. 一旦遇到麻烦，无论怎样做都无济于事	A. 完全符合　B. 基本符合　C. 不确定 D. 基本不符合　E. 完全不符合
35. 我总能清楚地了解自己的感受	A. 完全符合　B. 基本符合　C. 不确定 D. 基本不符合　E. 完全不符合

说明：

1. 自我和谐是罗杰斯人格理论的重要概念之一，与心理健康关系密切。该练习源于自我和谐量表（SCCS），由北京大学心理系王登峰教授在 Rogers 关于自我和谐概念的论述基础上结合心理治疗实践编制，能反映出自我与经验之间的关系，包含了对能力和情感的自我评价、自我一致性、无助感等。

2. 各题目选项从完全符合到完全不符合，第 2，3，5，8，11，16，18，22，24，30，32，35 题各选项分值依次是 1 分、2 分、3 分、4 分、5 分，其他题目各选项分值依次是 5 分、4 分、3 分、2 分、1 分。汇总所有题目得分，得分越低代表自我和谐度越高，通常分值低于 74 分者属低分组，分值为 75 ~ 102 分者属中间组，分值高于 103 分者为高分组。

低分组代表自我和谐度较好，自我认知与自我评价比较准确，表现为身体与心灵、外表与内心、行为与思想及其相互之间是协调的、适应的关系，能够较快适应新环境，为人处世灵活，学习工作效率高，经常保持积极、乐观、进取的心态，有利于自我发展。

中间组自我和谐度一般，能正确认识自我，也能适应新环境，通过学习能够较好地实现自我发展。

高分组代表自我和谐度低，表现为对自己的认识不够全面，对自身能力和情感有不合理的期待，对自己的优势与短板了解不足，甚至会忽略自己的优势放大自己的缺点，经常感觉到担心、焦虑，适应新环境较慢，不利于自我发展。

职业意识

3.1 主动担责

3.1.1 主动工作

主动工作是指在没有人要求、监督的情况下，自觉且出色地完成工作任务。主动工作者执行工作时会发自内心做好本职工作，无论自己是否喜欢这份工作，一旦选择了这份工作，就会为了完成自己心目中设定的个人目标而努力。

［案例］

一家蔬菜贸易公司同时招聘了两位员工。三个月后，A很不高兴地走进总经理办公室，向总经理抱怨说："我和B同时来到公司，现在B的薪水已经增加了一倍，职位也升到了部门主管。而我每天勤勤恳恳地工作，从来没有迟到早退过，对上司交代的任务总是按时按量地完成，从来没有拖沓过，可是为什么我的薪水一点没有增加，职位依然是普通职员呢？"

总经理没有马上回答他的问题，而是意味深长地说："这样吧，公司现在打算预订一批土豆，你先去看一下哪里有卖的，回来我再回答你的问题。"

于是A走出总经理办公室，去寻找卖土豆的蔬菜市场。半小时后，他急匆匆地回到总经理办公室，汇报说："二十公里外的'集农蔬菜批发中心'有土豆卖。"

总经理听后问道："一共有几家卖土豆的？"A挠了挠头说："我刚才只看到有卖的，没看到有几家，您稍等一会儿，我再去看一下！"说完又急匆匆地跑了出去，二十分钟后喘着粗气再次跑到总经理的办公室汇报，"报告总经理！一共有三家卖土豆的。"

总经理又问他："土豆的价格是多少？三家的价格一样吗？"他愣了一下，又挠了挠头说："总经理，您再等一会儿，我再去问一下。"说完就要往外跑。这时，总经理叫住他让他把B叫来。

总经理对B说："公司打算预订一批土豆，你去看一下哪里有卖的。"四十分钟后，B回来了，向总经理汇报："二十公里外的'集农蔬菜批发中心'有三家卖土豆的，其中两家卖1.8元一斤，另一家卖1.6元一斤。我看了一下他们的土豆，发现最便宜的那家土豆质量也最好，因为他是在最近的农园里种植的。如果需要量大的话，价格还可以更优惠些，并且他家有货车，可以免费送货上门。我已经把他带来了，就在公司大门外等着，要不要让他进来具体洽谈一下？"

总经理说："不用了，你让他先回去吧！"总经理看着办公室里目瞪口呆的A，问道："你都看到了吧！如果你是我，你会给谁加薪晋职呢？"

两名员工以同样的身份做同样的事，结果却大相径庭，这并非客观因素，而是员工是否用心主动做事。主动做事，需要多动脑筋、开拓思路，发挥主人翁意识，对不起眼的小事，也积极主动去做到最好。

取得突出成就的人与取得中等成就的人往往做了同样多的工作，区别就在于工作的主动性。不主动工作的人，常年忙忙碌碌，却进步缓慢。主动工作的人，具有强烈的上进心和责任心，会时刻思考如何把工作做得更好；在日常工作中很少抱怨，也不好高骛远，一步一个脚印，默默地为自己心中的理想做着准备。主动工作的人在工作中能感受到工作的快乐，能很好地处理工作中遇到的困难，一旦条件成熟，就会把握机遇，完成自己的人生理想。

工作可以平凡，但工作态度不能平庸。员工在平时的工作中要树立主动、务实的工作意识，做好工作安排，提高工作效率，这也正是良好职业素质的体现。

3.1.2 有责任心

责任心是员工对自己的工作负责，对企业和他人承担责任并履行义务的自觉态度。

工作是每个员工安身立命、实现自我价值之所在，所谓在其位、谋其政，任其职、尽其责，忠于职守、勤勉尽责是一名员工起码的职业操守和道德品质。每个人的岗位不同，所负职责有大小之别，但都要把工作做得尽善尽美、精益求精，这离不开强烈的责任心。有了责任心方能敬业，自觉把岗位职责、分内之事铭记于心，并及早谋划、未雨绸缪；有了责任心方能尽职，一心扑在工作上，不管有没有人监督，都做到不因事大而难为、不因事小而不为、不因事多而忘为、不因事杂而错为；有了责任心方能进取，不因循守旧、墨守成规、原地踏步，而是勇于创新、与时俱进、奋力拼搏。

责任心体现在三个阶段：一是做事之前，二是做事过程中，三是事情做完后。在第一阶段，做事之前要想到后果；在第二阶段，做事过程中要尽量控制事情向好的方向发展，防止坏的结果出现；在第三阶段，事情做完后若出了问题要敢于承担责任。勇于承担责任和积极承担责任不仅体现了一个人的勇气，还标志着一个人是否有责任心，是否光明磊落、敢于担当。

[案例]

2016年7月17日，世界首创的中国马蹄形盾构机成功下线，表明中国实现了异型盾构装备生产的全面自主化，也标志着世界异型隧道掘进机研制技术跨入了新阶段。李刚和工友们的工作是马蹄形盾构机项目推进的重要保障。

在刚进入中铁集团工作时，李刚只是一名刚从技校毕业的电气修理工。1997年，铁道部从德国引进两台盾构机用于西安某隧道工程施工，对于这个体态庞大的“洋玩意儿”，李刚充满了好奇，主动申请参加到盾构机的拼装、调试作业中。当时进口一个盾构机需要数亿人民币，李刚想：要是我们自己能造出来，得给国家省多少钱啊。由此，一粒国产盾构梦的种子在李刚的心里发了芽。于是，在工作之余，一有机会李刚就近距离观察外国专家组装、调试。专家离开后，他和工友们就照着图纸，对着盾构机翻来覆去地研究。2003年，李刚调入盾构制造公司工作，与17名工友一起踏上了盾构国产化的道路。他们从图纸开始，梳理每个系统、每个电缆、每个接头，从陌生到熟悉，从熟悉到熟稔，这个过程李刚团队用了整整五年。2008年4月，中铁装备集团自主研制的第一台盾构机顺利在天津地铁下线，用于天津地铁的施工并成功穿越了著名的“瓷房子”、张学良故居，顺利完成使命。

国产盾构技术进步惊人，李刚和工友仅用了一个月，就生产出了比当时世界同行密闭性更好、电气绝缘值更高的液位传感仪。此外，他们为第四代盾构机研发出水力破岩技术，大大减少了刀头磨损，延长了盾构机的使用寿命，成功打破了外国百年的技术垄断。

世界首创的“马蹄形”盾构机的电路系统拥有4万多根电缆电线、4 100个元器件、1 000多个开关，一旦有一根线接错，整个盾构机就会“神经错乱”。解决盾构机电气问题时，李刚的“快、稳、准、狠”在业内是出了名的，很多人把他的双手称为“刀手”，即使蒙上眼睛，也能在狭小的接线盒里把密密麻麻形如蛛网的线路连接得分毫不差。李刚说：“每天在车间，我们接的每一根电线头都要确保无误，这样才能从源头上把控产品质量。”

李刚常对徒弟们说：“做工作、看问题，要实、要深，要把产品当成自己家里的活来干。”李刚的一位徒弟说：“他对于工作的责任心是什么也拦不住的，他的那股劲头经常让我们感动。几年前一个下着暴雨的夜晚，一节电缆出现了一点问题，当时已经凌晨1点多了，他还冒着暴雨去处理，硬是在暴雨中修了一个多小时，把问题处理好才回去休息。”从业以来，李刚对于工作的热情和责任心从未减退过，回忆这些年走过的路，他感叹道：“我很骄傲、自豪，有了自己的技术就不用再看别人眼色了。”

3.1.3 不找借口

在日常工作中，常常听到一些人说“这不是我的错”“我不是故意的”之类的借口，这恰恰是没有责任心的体现。判断员工有无责任心的一个标准就是员工是否会因为工作未达到目标而找借口。

【案例】

某部门先后派了两个人去某地办事，途中都要经过一个荒废的渡口。第一个人在渡口转了半天也没有找到渡河的工具和方法，就讪讪地回来汇报。第二个人圆满完成任务，回来复命。负责人问第二个人是怎么渡过渡口的，他回答：“渡口周围长满了竹子，我做了个竹筏渡河。”后来，第一个人承认，他当时看到渡口没有渡船，就一门心思地在考虑借口，根本没有注意到河边的竹林。

工作中，为了没有达到预期目标而找借口，不仅于事无补，还会分散精力、浪费时间，养成推脱责任、散漫随意的工作作风。成功的人往往都是敢于承担责任、不找任何借口的人。因此，员工要养成“不找借口找方法”的思维习惯，一旦工作中出现失误，能勇于负责，把精力集中在解决问题上，减小失误带来的损失。

思想影响态度，态度影响行动，一名不找借口的员工，肯定是一名执行力很强、责任心也很强的员工。

【案例】

1993 年，王树军顺利从潍柴技校毕业，成为潍柴动力股份有限公司一号工厂机修钳工。他是维修工，也是设计师。

海乐柔性数控加工机床有一个名为光栅尺的易损部件，精度能精确到千分之一毫米。由于极易损坏，这种部件每年都要停机更换一次。看着每年的巨额损耗，王树军十分心疼，为国之重器不受制于人，他致力于中国高端装备研制，攻克了进口高精加工中心光栅尺气密保护设计缺陷，填补了国内空白，为国家创造了数不清的价值。有一次，整套由德国进口的机床在投入生产后发生了漏油事故，由于机器是德国进口的，如果请德国专家来维修，要耽误两三个月的工期，造成生产违约是不可估量的损失；如果自己维修，没有机器的有效图纸，维修起来也是困难重重。王树军主动承担起了机床的维修工作，和同事们靠着书籍和资料慢慢摸索，经过三天三夜的不懈奋斗，终于攻克了这项技术难题，同时打破了国外对机床维修的技术封锁和垄断。从此，我国的机床维修技术进入了更高的阶段。

2018 年，王树军当选“大国工匠年度人物”，2019 年荣获全国五一劳动奖章，2020 年荣获“全国劳动模范”称号，2021 年被人力资源社会保障部授予“全国技术能手”称号。成功者不善于也不需要找任何借口，因为他们能为自己的行为和目标负责，也能享受自己努力的成果。

一位哲学家曾说：“人生最大的智慧在于理智地寻找合适的生活方式。”现实生活中，有的员工不把精力用于学习和工作上，而是用在抱怨老天的不公平、自己的一时疏忽、阅历不足上，给自己的平庸找借口。企业招聘员工是为了解决问题，遇事就找借口的员工自然很难有所发展。

一个人若想逃避责任或推脱过错，总能找到借口，而借口往往无助于成功，反而会阻碍前进的步伐。事实上，要在职业活动中有进步或突破，关键在于有创造性地合理安排自己的工作方式，不找任何借口，做好自己该做的事。莫让借口成为你人生的“绊脚石”。

3.2 学会合作

3.2.1 融入团队

员工建立团队意识的第一步也是最重要的一步就是融入团队。在实际工作中，融入团队的过程包括环环相扣的三个环节：热爱团队、欣赏同事、建立良好关系。

（1）热爱团队

热爱团队是员工融入团队的第一步，也是员工在团队中成长和发展的前提。要融入团队就必须热爱团队，热爱自己的工作，通过自己的努力获得领导和同事的帮助和认可。任何待在自己不喜欢的团队中的人都是无法开心的，而一个不开心的人又能做成什么呢？

员工与团队的关系是最密切的，员工大多数时间都在团队里工作，与同事打交道的时间甚至比家人还长。团队成员需要一起经历风雨，感受苦辣酸甜，只有热爱团队，抱团取暖，互相支撑，才能在给予团队无穷力量的同时从团队中汲取力量。团队是员工的基本力量，有时甚至是唯一可以依靠的力量。

作为员工，只有热爱自己的团队，自觉维护团队信誉，与团队同甘共苦，荣辱与共，才能与同事一起将它建设成一支团结的、强大的、能够在竞争中夺取胜利的团队。

（2）欣赏同事

有的人无论到哪里工作都能很快适应，并迅速和其他人打成一片；也有的人无论到哪里工作都与别人格格不入。前一种人，会欣赏人，会团结人；后一种人，只欣赏自己，不团结他人。

俗话说“尺有所短，寸有所长”，没有人十全十美，也没有人一无是处。无论你在哪个团队，同事都是各有各的优点和缺点。这时候，你要学会欣赏同事，用“放大镜”看同事的优点，用“宽容心”看同事的缺点。这不仅能帮助你处理好与同事的关系，也有利于团队工作的进行和自我的发展。

【案例】

小丽在某计算机公司资料室工作5年了，每天穿着美丽而合体的套装，熟练地剪报和编辑、粘贴各种资料，把重要的资料分门别类地保存起来。她工作的熟练程度令人钦佩不已，看起来，她极为喜爱这份工作。

然而，对工作的这份喜爱和优秀使她看不惯那些懒懒散散、效率低下的同事，而这些同事也对小丽又敬又怕。当小丽看到同事们慢悠悠地摆弄剪刀、胶水、档案袋和电脑时，她就会满腔怒火。例如，她不明白为什么小张一天整理的资料还不及她的三分之一，不明白为什么小李只喜欢摆弄电脑而不管档案袋。她和同事的关系紧张极了。

后来，小丽终于忍不住了，她冲进经理的办公室，怒气冲冲地说：“我到这儿工作，可不是为了和这样一群人待在一起！”

事实上，关于小丽的不满情绪，经理早有耳闻。他看着小丽，平静地说：“你比那些人更能干，这我清楚。但是，你为什么不试着去了解一下他们呢？小张、小李、小王、小赵……他们都在我面前说过你的好话，并以你为榜样。”

小丽红着脸说：“那他们也不能这么对待工作啊！”

经理耐心地解释道：“我相信每个人都有他独特的工作方法。小张擅长寻找最重要的资料，小李则能够从网络上找到报纸上没有的资料，小王统计的财务报表出色极了……”

小丽陷入了沉思，经理很少去资料室，然而他比自己更了解这些人，或许自己以前对待同事的态度是错误的，自己从没想过去了解和欣赏他们。

经理看着小丽，微笑着说：“我相信资料室会成为一个其乐融融的大家庭，你也相信，对吗？”

小丽用力点了点头，她决定改变自己对同事的看法，试着去欣赏他们。

学会欣赏同事不仅有利于团队工作的开展，还能够使你收获一份好心情和很多好朋友。欣赏同事，是一种历练、一种涵养、一种境界，做到这一点，你每天都会拥有开心的 8 小时，而且在同事的帮助下，相信你的工作会更加出色，前途也会更加光明。

（3）建立良好关系

当员工能够认可团队的价值观与行为模式、欣赏身边的同事时，与团队成员建立一种良好的工作关系便是一件水到渠成的事情，而团队也会在这个时候正式接纳员工成为团队的一员。

一个团队就是一个小社会，身为职场人，我们待在团队中的时间可能并不会比家里短，因此，我们要热爱团队，学会欣赏同事，享受团队生活。

3.2.2 善于合作

员工融入团队后，要尽快找到自己的位置，实现自己的团队价值。要实现这一目标，员工必须善于合作。

如今的社会是一个合作的社会，是一个高度专业化和复杂化的社会。没有与他人的紧密合作，只靠个人的智慧和力量可能会获得一时的成功，却不能获得持久的成功。据调查，合作能力已经被社会各行业视为最重要的能力之一。

团队合作是推动企业和个人发展的永恒力量。团队是由为达到共同目标而相互协作的人组成的小组，而团队合作则是团队成员为达到既定目标所显现出来的自愿合作和协同努力的精神。

没有完美的个人，只有完美的团队。懂得合作的员工往往能够以最快的速度融入团队，找到自己的位置实现自己的价值。

如果一个人只考虑自己的利益，而不顾及团队的整体利益，那么这个团队就是一盘散沙，得不到很好的发展。团队需要像铁板一样紧密团结，只有员工之间团结合作，才可能将团队由“散沙”变成“铁板”。

【案例】

F1，即世界一级方程式锦标赛，是由国际汽车运动联合会举办的年度系列场地赛车比赛，是方程式赛事中的顶级赛事。很多人欣赏 F1 车手的风采，却不清楚这项比赛中团队协作也至关重要。

比赛中团队协作最关键的就是赛车中途进站加油换胎（Pit Stop）时的效率。在 Pit Stop 时的一秒钟，就可能对比赛的胜负产生决定性的影响。

赛车每一次停站都需要 22 位工作人员的参与，从他们的分工便可看出其协作的精密程度。

12 位工作人员负责换胎（每 3 位一个车胎，其中，1 位负责拿气动扳手拆、锁螺栓，1 位负责拆旧轮胎，1 位负责装上新轮胎）。

1 位工作人员负责操作前千斤顶。

1 位工作人员负责操作后千斤顶。

1 位工作人员负责在赛车前鼻翼受损必须更换时操作特别千斤顶。

1 位工作人员负责检查引擎气门的气动回复装置所需的高压力瓶，必要时补充高压空气。

1 位工作人员负责持加油枪，这通常由车队中最强壮的技师操作。

1 位工作人员协助扶着油管。

1 位工作人员负责加油机。

1 位工作人员负责持灭火器待命（停站时的失误有可能引起火灾）。

1 位工作人员被称为“棒棒糖先生”，负责持写有“BRAKES”（刹车）和“GEAR”（入挡）的指示板，当牌子举起时，即表示赛车可以离开维修区。而他也是这 22 人中唯一配备了用来与车手通话的无线电话的。

1 位工作人员负责擦拭车手安全帽。

团队中每个职位都有其存在的理由，都发挥着不可替代的作用。如果团队中每名成员在合理分工的基础上能够各司其职、各尽其责，最终一定能够使团队协作向系统化、流程化的方向发展。

企业员工要认识到，单凭自己一个人是无法完成一个规模庞大的项目的。所以，要想为企业创造更多的价值，必须具备合作意识和合作精神，将团队利益置于个人利益之上，真正地融入团队，在完成自己本职工作的同时与团队成员协同合作。

小合作有小成就，大合作有大成就，不合作则难有成就。当团队合作出自所有团队成员的自觉、自愿时，可以集合团队成员的所有资源和才智，必将产生一股强大而持久的力量，推动团队持续发展。

在实际工作中，随着任务复杂程度的提高，对团队合作水平的要求也在不断提高。员工只有不断提高自己的合作意识和能力，才能够接受更加重要且复杂的任务，更好地实现自身价值。

3.2.3 统一价值

作为团队的一员，员工不可避免地要学习团队价值观，参与团队文化建设。

团队文化建设中最重要的就是树立共同价值观。明确的、得到全体团队成员一致认同的价值观是团队建立与发展的基石和保障，它可以持续指导并影响整个团队的行为和思维模式，使团队的合作能力得到极大提升。

共同价值观具有如下图所示的五个特点，可以促使团队成员相互理解，保证团队成员对其正在做的事情保持整体立场一致，促使团队成员有效协作。

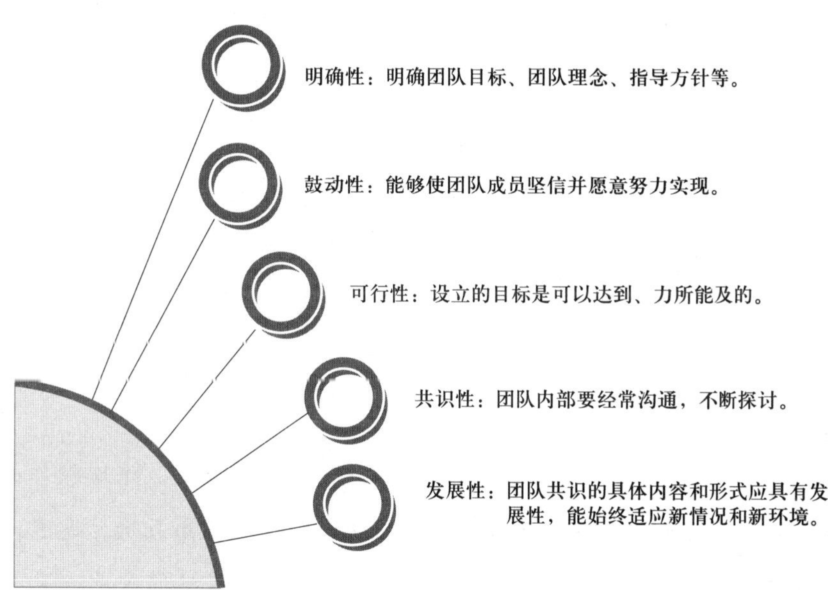

共同价值观只有根植于团队成员的心中，内化为团队成员个人的价值观，才能产生共鸣，成为团队整体的价值观。而要实现这一点，就要借助一定的手段，通过潜移默化的方式逐步落实。

手段 1：通过管理者的言传身教感受。

手段 2：通过培训接收。

手段 3：通过活动体会。

共同价值观一旦建立并深入人心，就会使团队形成共同的奋斗目标、和谐的工作氛围以及较强的凝聚力与向心力，从而实现团队的良好运作。

3.2.4 共同成长

未来属于大家，团队中每名成员都对团队的未来负有不可推卸的责任。与团队共同成长的体现之一，是思考并预防团队可能会面临的危机，为团队未来的发展开辟出新的道路，这是每一名团队成员必须具备的责任意识。

车尔尼雪夫斯基曾说："未来是光明而美丽的，爱它吧，向它突进，为它工作，迎接它，尽可能地使它成为现实吧！"没有人可以保证团队的未来是光明的，但如果所有人都能心怀未来并为之努力奋斗，这种可能性就会增加很多。

在思考团队未来时，我们首先考虑的应该是如何防止团队滑向深渊。《左传》中有"居安思危，思则有备，有备无患"的名言，意思是说，处在安乐的环境中，要想到可能有的危险，多思考才能有所准备，有所准备就可以避免祸患。人生在世不可能一帆风顺，那些基业长青的团队的秘诀只是拥有很多具有危机意识的成员罢了。

很多人往往只担心自己的未来而丝毫不考虑团队的发展，但试想，如果团队的明天一片阴霾，作为团队的成员，你的明天还会光辉灿烂吗？"皮之不存，毛将焉附"，每个人首先想到的应该是如何保住团队这张"皮"，然后再去想如何让自己这根"毛"发展壮大。预防或化解团队危机，就是在为自己的成长之路清除荆棘。

［案例］

在2021年7月1日庆祝中国共产党成立100周年大会上，张瑞敏作为集体企业的一名党员代表在现场观礼。这是1989年以来，张瑞敏第五次受邀在天安门广场观礼。作为全国先进模范的代表，张瑞敏秉承"没有成功的企业，只有时代的企业"理念，带领海尔接续拼搏奋斗、屹立世界舞台，先后获得了"全国优秀共产党员""改革先锋""最美奋斗者"等光荣称号。可以说没有改革开放，就没有今天的海尔，没有今天的海尔，也就没有今天的张瑞敏。

张瑞敏，这位中国企业界标杆式的人物，一手缔造了一家世界级企业。回望张瑞敏37年的企业家生涯，是张瑞敏与海尔集团的共同成长岁月。

2021年11月1日，在青岛首个"企业家日"座谈会上，海尔集团董事局主席、首席执行官张瑞敏说：“我对企业家精神的理解可能不太一样，我认为企业家精神强调的绝对不是企业家应该具有的精神，而且企业家应该创造一个环境，让每个人都拥有企业家精神。”

与团队共同成长，与团队共赢未来，应该成为所有职场人的信仰。思考团队的未来，为其预防危机，为其开拓道路，这是团队成员的神圣使命，也是指引团队成员走向成功的光明之路。

一滴水放入大海，就不会干涸，一个人只有融入团队，才能有超越自我的成就。企业员工若想让自己变得更优秀，就需要和许多优秀的人一起合作，大家互补、互助、互励、互动，不断实现自己的价值，就会将企业做大做强。

作为员工，我们可以按照如下图所示的方式，积极培养自己的合作意识和合作精神，不断提高自己的合作能力，让自己在团队中收获更多的价值。

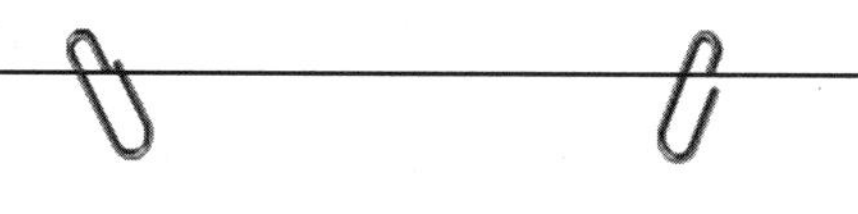

怎样提高自己的合作能力

1. 摒弃个人英雄主义，不过分表现自己。
2. 愿意与其他成员互通有无，实现信息共享。
3. 信任和尊重其他团队成员。
4. 愿意无私地帮助自己的同事。
5. 以团队价值观为工作准则。
6. 在与他人合作的过程中求同存异，相互适应。
7. 履行自己的承诺，勇于承担责任。

3.3 遵守规矩

3.3.1 遵章守纪

俗话说“没有规矩，不成方圆”，无论任何行业，都应将纪律、规章制度放在首要位置，要求全体员工自觉遵守各项规章制度。规章制度具有导向性，对各岗位人员的行为加以引导，明确告诉各岗位人员应该做什么、怎样做，鼓励各岗位人员实施规章制度允许的行为，防止或反对其他偏离行为。

【案例】

他是国产货车发动机百万公里无大修纪录的首创者，是首位获得东风汽车公司奖励汽车的驾驶员，10 年安全行车 170 万公里无事故，他就是江苏省海安市正达运输有限公司的货车司机朱林。

1996 年，公司经理把一辆“东风”货车交给他，让他定期送货去广东，每月三四趟，每趟往返约 4 300 公里。2002 年 4 月 23 日，14 名汽车工程专业技术人员，相关汽车综合性能检测部门人员和诸多新闻记者集聚正达运输有限公司，对朱林驾驶的“东风”货车进行检测和鉴定。查实该车发动机缸套、差速器和变速箱内齿轮均是原件，高压油泵不但未修理换件，而且奇迹般地不需调校。在场人员无不惊叹，对百万公里无大修的纪录确信无疑。这个纪录怎么来的呢？

朱林是个认真的人，在爱车、开车、养车上他认准了一个道理，就是持之以恒地从基础做起。他把发动机当孩子一样地呵护，保养时按照规范要求去做：坚持使用正品润滑油，保证良性循环；在水箱里加注纯净水，以保证水管畅通，减少污垢；正确使用挡位，不抢挡，不拖挡，不超速。正是这样严格按规程办事，使朱林创下了这样的纪录。

有些员工一听到服从规矩，就会想到唯唯诺诺没有个性，尤其是年轻人，往往以张扬个性为自豪，甚至有时会故意违反规定以示个性，这样必定会影响自身发展，也会为企业发展带来阻碍。

规矩是基本的方式，也是一种保障。巨匠是在严格的规矩中施展他的创造才能的。员工应以严格遵章守纪的工作态度和严谨细致的工作标准，认真对待每一次操作，切实提高自身的业务素质。工作中一丝一毫的马虎都可能给整个生产经营带来很大的不良影响，因此在每一个企业内部，都需要用规则来规范所有员工。当每个员工都遵守规矩的时候，整个团队才能够有效地发展。

严格遵守规章和企业大政方针、照章办事是我们全体员工的义务。首先，要认真学习领会，做到条条熟悉，时刻牢记，如果对规章、制度茫然无知或一知半解，就谈不上严格遵章守纪；其次，要照章办事，规章制度具有刚性原则，必须严格遵守，把规章制度当成儿戏，随心所欲、我行我素不行，随便对规章制度予以“变通”，搞“灵活性”也不行。在严格遵章守纪上，没有任何商量和退却的余地。有的人觉得规章制度束缚工作，嫌程序太烦琐、速度慢，但实践出真理，各项规章制度的建立不是凭空想象出来的，而是在经历过实际工作有了经验教训才总结出来的。

正所谓“车行千里始有道”，只有不脱离轨道才能够畅行无阻，用制度去管理，用制度去落实，才能实现真正的合规操作。“天下之事，不难于立法，而难于法之必行；不难于听言，而难于言之必效。”有规不遵，有章不循是各行业之大忌，每一位员工都要常怀律己之心，做到明职责、细制度、严操作，将行为合规视为我们的职业素养与本能。

3.3.2　严格自律

员工遵守规矩除体现在遵章守纪方面外，更重要的也是更容易被忽视的就是树立自律意识。

《中庸》中“莫见乎隐，莫显乎微，故君子慎其独也”的名言充分体现了自律的意义。自律是指在没有人现场监督的情况下，通过自己要求自己，变被动为主动，自觉地遵循法度，约束自己的一言一行。

自律是一种不可或缺的人格力量，没有它，一切纪律都会变得形同虚设。真正的自律是一种信仰、一种自省、一种自警、一种素质、一种自爱、一种觉悟，它会让你发觉健康之美，感到幸福快乐，淡定从容、内心强大，永远充满积极向上的力量。

［案例］

2021 年东京奥运会百米飞人大赛半决赛中，苏炳添以 9 秒 83 的成绩打破亚洲纪录，成为首位闯进奥运男子百米决赛的中国人。

32 岁的苏炳添在短跑运动员里已经是一位“老将”了，与他同场竞技的基本都是 95 后甚至 00 后的选手，而他依然能够保持如此好的身体状态实属不易，这与苏炳添极其自律的生活和训练分不开。苏炳添每天晚上十点准时睡觉，而且手机关机，数年如一日，当第二天一早很多人还在梦乡的时候，苏炳添就进入了训练状态。

他的启蒙教练曾说，苏炳添在学校田径队时，就从来不缺勤，每次训练都积极参加，而且非常自律。每次家庭聚会，大家都是吃吃喝喝，苏炳添从来不乱吃

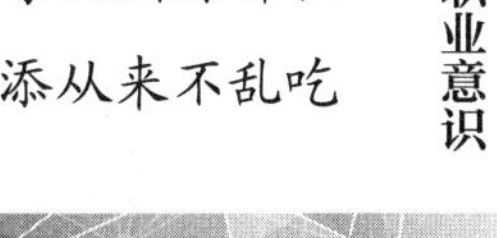

东西，不吃猪肉，更不喝酒，因为怕拉肚子，他甚至不喝橙汁，不吃西瓜。有些运动员在训练和比赛之余会抽烟、喝酒、泡吧，而在苏炳添的世界里，这些都不存在。他身边朋友曾说："苏炳添不文身喝酒，不抽烟烫头，不外出吃饭，不喜欢逛街买奢侈品，天天就知道训练以及思考与训练相关的事情。"从东京回国后的隔离期间，苏炳添在房间内利用瑜伽垫、弹力绳进行核心训练、高抬腿跑步，还抱着一箱矿泉水练弹跳。高度的自律精神决定了他的成绩和职业生涯的长度。

现代管理学之父彼得·德鲁克曾指出："未来的历史学家会说，这个世纪最重要的事情不是技术或网络的革新，而是人类生存状况的重大改变。在这个世纪里，人将拥有更多的选择，他们必须积极地管理自己。"不懂得管理自己、缺乏自律意识的员工一定难以适应时代的变化，最终被其抛弃。

作为员工，想要做到自律，首先要意识到缺乏自律意识的危害，其次要找出自律的积极点和动力点，最后要制订科学、合理的计划。例如，规定自己每天找出一项工作任务，要求自己全神贯注做完，并坚持把这个计划实施下去。如果有一天没有完成计划，你可以对自己做出相应的惩罚。

自律的职业人信奉"领导不在，我就是自己的领导"。当前，职场竞争日趋激烈，我们更应该认真地对待自己的工作，保持高度的自律意识，踏踏实实地做出成绩。许多企业宁可接受一个才能一般，但是自律性高、可以信赖的员工，也不愿意接受一个才华横溢、能力高超，却阳奉阴违、投机取巧的员工。一个优秀的员工永远不会缺乏自律的职业精神，无论领导在与不在，他都会自律，保持高度的工作热情，为自己负责，更为企业集体利益负责。这样的员工终将获得单位的信任和重用。

即学即用

1. 请结合你的工作实际完成以下练习。

你的职业（岗位）名称：________________________________

（1）你的岗位目标是：

____

____

（2）你的岗位职责是：

（3）仔细阅读你的岗位职责，分析哪些是你现在可以独立承担或完成的，哪些是你还需要导师指导或同事协助才能完成的。

你可以独立承担或完成的岗位职责：

你需要在导师指导或同事协助下才能完成的岗位职责：

（4）从你的角度看，目前你的岗位工作中存在或可能存在哪些问题（可以是技术问题，也可以是工作效率问题等）？努力思考并寻找解决问题的方案。如无法写出解决方案，也可列出你认为可行的有利于解决问题的学习或工作计划。

序号	工作中存在或可能存在的问题	解决方案 / 学习或工作计划
1		
2		
3		
4		

注：如需要，可另附页。

2. 用心观察你所在团队（或班组）中的每一位成员，完成以下练习。

（1）企业为你所在团队（或班组）确定的工作目标是：

____

____

____

____

____

____

（2）你对所在团队（或班组）的印象是：

____

____

____

____

____

____

（3）仔细观察你所在团队（或班组）的每一位成员，分析他们的特点，寻找他们的闪光点，学人之长、补己之短，并思考为了实现团队（或班组）目标，如何与其和谐共处、通力合作。

团队（或班组）成员姓名	性格特点	你要向他学习的地方	你认为与其合作的要点

注：如需要，可另附页。

（4）你认为你在团队协作方面还存在哪些问题？提出你认为合理的解决方案：

3. 阅读下面的材料，完成相应的练习。

一日，某工地上，桩机操作工张某将一台借来的电焊机的单相电源线错误地接在了三相电源上，将电焊机保护接零（PE）线错误地接在了三相电源的一条火线上，使电焊机的外壳带电。张某接好线后就让罗某合上电源开关，随后李某从该电焊机旁边经过时脚踩到与电焊机连接的钢丝绳上，尖叫一声。张某回头看到李某赤脚裸臂躺在电焊机旁边，已因触电致死。

（1）请分析该材料中张某、罗某、李某的做法对吗？为什么？是什么原因导致李某触电而亡？（不少于 100 字）

（2）列出你所在岗位的典型工作任务及工作流程和工作要求，完成下表。后续工作中请严格对照各项工作任务的工作流程和工作要求开展工作。

序号	典型工作任务	工作流程和工作要求
1		
2		
3		
4		

注：如需要，可另附页。

职业形象

4.1 塑造个人形象

4.1.1 注重仪容仪表

仪容是指一个人的外貌。仪表主要指一个人的服饰打扮，包括衣服、帽子、鞋袜以及男士的领带、女士的首饰等。虽然我们无法选择长相，但是我们可以努力让自己变得有魅力，让别人感觉舒服。

人们都不喜欢与邋遢的人交往。在工作中，注重自身的仪容仪表非常重要，如果不修边幅、蓬头垢面、衣衫不整，就会给领导、同事、客户留下不良印象。

（1）发式

发式最基本的要求是头发整洁、发型大方。发式应与个人身份、工作性质、工作场合相适应。干净、清爽、卫生、整齐的发式能给人留下生机勃勃、神清气爽的良好印象。

（2）面容

面容是仪容之首，也是最动人之处。男士应养成每天修面剃须的良好习惯；女士应注意面部清洁和美化，如需要可适当化妆。面容修饰要求详见下表。

修饰面容的要求

序号	面容部位	要求
1	面部	◎清洁是修饰面部最基本的要求，勤洗脸是清洁面部最简单的方式 ◎要时刻保持面部干净、清爽，无汗渍和油污等不洁之物 ◎女性员工可根据时间、场合、地点的不同来选择适当化妆，切不可浓妆艳抹
2	鼻腔	◎随时保持鼻腔干净，平时要注意经常修剪鼻毛
3	胡须	◎在正式场合，如果没有特殊的职业需要、宗教信仰或民族习惯，男士留胡须一般会被认为是很失礼的表现 ◎男士应该养成每天刮胡须的生活习惯。个别女士可能会因内分泌失调而长出类似胡须的汗毛，应及时清除并予以治疗
4	口腔	◎应注意口腔卫生，坚持每天早、中、晚刷三次牙，饭后漱口，保持牙齿洁白、口腔无异味 ◎在重要应酬之前，要忌食会使口腔发出刺鼻气味的食物

（3）手部

手是肢体中使用最多、动作最多的部位。手、手指和指甲的美与人体其他部位的美一起展现人的整体风采。员工要勤剪指甲，保持整齐，指甲缝中不能留污垢。

（4）男性仪表要求

1）着装的款式应简洁，注重包括面料、剪裁和加工工艺等在内的许多细节。

2）在着装的色彩选择上，应以单色为宜，深蓝色可给人以高雅、理性、稳重之感；灰色比较中庸、平和，显得庄重、得体而气度不凡；咖啡色是一种自然而朴素的色彩，显得亲切而别具一格；藏青色比较大方、稳重，也是一种较为常见的着装色调。

3）穿西装时，内穿的衬衫在领型、质地、款式等方面都要与外套和领带协调，纯白色和天蓝色的衬衫较易搭配。注意衬衫领口和袖口要干净。

4）若需佩戴领带，除了颜色应与自己的西装和衬衫协调之外，还要求干净、平整、不起皱。领带长度要合适，打好的领带尖应恰好触及皮带扣，领带的宽度应该与西装翻领的宽度和谐。

5）袜子宁长勿短，以坐下后不露出小腿为宜。袜子颜色要和西装颜色协调，选择深色袜子比较稳妥。浅色袜子只能配浅色西装，不宜配深色西装。

6）鞋的款式和质量的好坏直接影响男士的整体形象。在颜色方面，建议选择黑色或深棕色，浅色皮鞋只可配浅色西装，如果配深色西装会给人以头重脚轻的感觉。休闲风格的皮鞋最好配单件休闲西装。无论穿什么鞋，都要注意保持鞋子的光亮及干净，以给人专业、整齐之感。

（5）女性仪表要求

1）服装平整。平整的服装会让人显得精神焕发。尽量穿着质地较好的服装，但切忌过于华丽。

2）素色为宜。服装的整体搭配要协调统一，颜色以素色为宜，不应太鲜艳，也不可太花哨，否则会给人以轻浮之感。

3）忌穿着紧身、暴露。在正式场合，如果穿着过露、过紧、过短或过透，如穿短裤、背心、超短裙、紧身裤等，容易分散他人的注意力，同时也会显得自身不够专业。

4）切勿将内衣、衬裙、袜口等露在外衣外面。

5）袜子颜色协调。袜子以近似肤色或与服装搭配得当为宜。夏季可以选择浅色或近似肤色的袜子；冬季服装颜色偏深，袜子的颜色也可适当加深。切勿穿着勾丝的丝袜。

6）饰品适量。巧妙佩戴饰品能够起到画龙点睛的作用，佩戴的饰品不宜过多，否则会分散他人的注意力。佩戴饰品时，应尽量选择同一色系，同时注意与整体服饰搭配协调。

4.1.2　拥有得体仪态

仪态是对人举止行为的统称，是人内在气质的外在表现。基本的举止仪态包括坐姿、站姿、走姿等。

（1）坐姿要求

坐姿文雅端庄可以传递给他人自信、友好、热情的信息，同时也显示出高雅庄重的良好风范。

1）正确的坐姿。常用的坐姿有五种，见下表。

常用的五种坐姿

序号	坐姿	具体要求
1	标准式坐姿	◎两腿并拢，上身挺直坐正，小腿与地面垂直，两脚保持小丁字步，两手放在双膝上，如下图所示
2	侧点式坐姿	◎两小腿向左斜出，两膝并拢，右脚跟靠拢左脚内侧，右脚掌着地，左脚尖着地，头和身躯向左斜。注意大腿、小腿之间要成90度，小腿要充分伸直，尽量显示小腿长度，如下图所示
3	屈直式坐姿	◎坐正，女士双膝并紧，两小腿前后分开，两脚前后在一条线上。男士既可两小腿前后分开，也可左右分开，双手交叉于双膝上
4	重叠式坐姿	◎在标准式坐姿的基础上，两腿向前，一腿提起，腿窝落在另一腿的膝关节上。要注意上边的腿向里收，贴住另一腿，脚尖向下，如下图所示。重叠式还有正身、侧身之分，手部也可交叉、托肋、扶把手等多种变化
5	交叉式坐姿	◎两腿前伸，一脚置于另一脚上，在踝关节处交叉成前交叉坐式，也可小腿后屈，前脚掌着地，在踝关节处交叉或采用一脚挂于另一脚踝关节处成后交叉式坐姿

1. 双手置于椅腿上。
2. 把脚藏在座椅下，或伸得很远。
3. 双脚钩住椅腿或双腿叉开。
4. “4”字形叠腿并用双手扣腿，晃脚尖。
5. 猛坐猛起，使座椅乱响，或坐立时上身不直，左右晃动。

男士标准坐姿

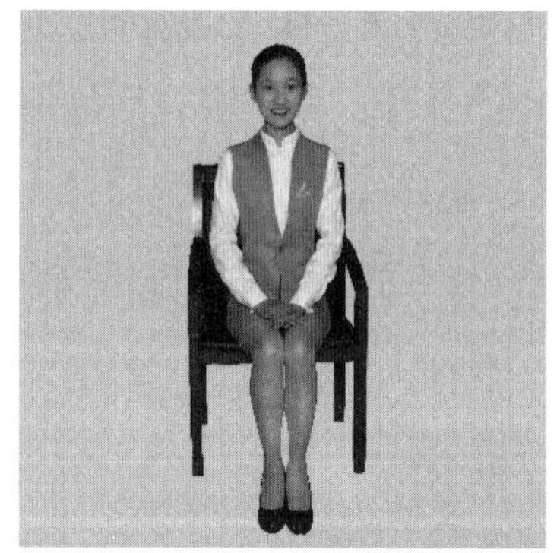
女士标准坐姿

女士侧点式坐姿

女士重叠式坐姿

无论采用哪种坐姿，都不要弯腰驼背，女士坐下时不要叉开双腿，起立时可一只脚向后收半步，然后站起。

2）应避免的坐姿。坐立时要避免出现以下情况。

（2）站姿要求

良好的站姿能更好地衬托出气质和风度，具体要求见下表。

良好站姿的具体要求

序号	要求	具体要求
1	头正	◎两眼平视前方，嘴微闭，收领梗颈，精神饱满，面带微笑
2	肩平	◎两肩平正，微微放松，稍向后下沉
3	臂垂	◎两臂自然下垂，手指自然弯曲 ◎两手可在体前交叉，一般右手放在左手上，肘部应略向外张 ◎男性在必要时可单手或双手背于背后，也可两肩平正，两臂自然下垂，中指对准裤缝
4	直立	◎挺胸，抬头，收腹，略收臀
5	躯挺	◎胸部挺起，腹部往里收，腰部正直，臀部向内向上收紧
6	并腿	◎两腿要直，膝盖放松，大腿稍收紧上提，身体重心落于前脚掌，两脚夹角成60° ◎男子站立时，双脚可微微张开，但不能超过肩宽 ◎女子站立时，双脚应成“V”形，膝和脚后跟应靠紧，身体重心应尽量提高

常用站姿有男士女士标准站姿、女士礼仪站姿、男士前搭式站姿、男士后搭式站姿等，如下图所示。

女士标准站姿

女士礼仪站姿

男士标准站姿　　男士前搭式站姿　　男士后搭式站姿

（3）走姿要求

优雅、稳健、敏捷的走姿可以给他人以美的感受，产生感染力，反映出积极向上的精神状态。走姿的具体要求如下。

1）目光平视，挺胸收腹，表情自然平和，精神饱满，面带微笑。

2）两肩平稳，避免上下前后摇摆。双臂前后自然摆动，前后摆幅为 30° ~ 40°，两手自然弯曲，在摆动中离开双腿不超过一拳的距离。

3）步伐稳健，步履自然，要有节奏感。

4）两臂自然下垂，前后自然协调摆动，前摆稍向里折，手臂与身体的夹角一般成 10° ~ 15°。

5）步幅适当，两脚之间约相距一只脚到一只半脚。

6）行进的速度应当保持均匀、平稳，自然舒缓，显得成熟、自信。

7）迈步时，脚尖可微微分开，但脚尖、脚跟应与前进方向近乎成一条直线，避免“外八字”或“内八字”迈步。

8）上下楼梯时，上体要直，脚步要轻且平稳，一般情况下不要手扶栏杆。若遇尊者，应主动将栏杆一边让给尊者。

9）遇尊者时，应主动礼让，站立一旁，以手示意请其先走。

4.2 培养职场礼仪

4.2.1 称呼礼仪

称呼是指人们在交往过程中彼此之间使用的称谓语。正确地称呼他人，能使交往对象感到被承认、尊重和信任。得体、恰当的称呼不仅反映出自身的文化素质和对交往对象的尊重程度，甚至还可影响双方关系的发展程度。

朋友或熟人间的称呼，既要亲切友好，又要不失敬意，一般可统称为“你”或“您”，或视年龄大小在姓氏前加“老”或“小”相称，如“老王”或“小李”。

对有身份者或长者，可用“先生”相称，也可在“先生”前冠以姓氏。对德高望重的长者，可在其姓氏后加“老”或“公”，如“张老”或“范公”，以示尊敬。

在工作岗位上，为了表示庄重、尊敬，可按职业相称，如“老师”“师傅”等；也可按职务、职称、学位相称，如“周处长”“赵主任”“宋博士”等。

在社交场合称呼陌生人时，男性不论婚否，可统称为“先生”；女性则需根据婚姻状况而定，对已婚的女性称“夫人”“太太”或“女士”等，对未婚的女性称“小姐”等，如不明其婚姻状况，以称“小姐”或“女士”为宜。对教育界和文艺界新相识的人都可敬称“老师”。

4.2.2 会面礼仪

（1）点头礼

与交往不深的相识者碰面，或在同一场合碰上已多次见面者，或遇到多人而又无法一一问候时，点头致意即可。

（2）举手礼

举手礼适用于向距离较远的熟人打招呼。

具体做法：右臂向前方伸直，右手掌心向着对方，拇指与其他四指叉开，其他四指并拢，轻轻向左右摆动。

行举手礼时应注意手不要上下摆动，也不要在手部摆动时用手背朝向对方。

（3）拱手礼

拱手礼主要用于过年时企业举行团拜活动、向长辈祝寿、向对方表示祝贺、向亲朋好友表示无比感谢等场合。

具体做法：起身站立，上身挺直，两臂前伸，双手在胸前高举抱拳，自上而下或自内而外、有节奏地晃动。

（4）鞠躬礼

鞠躬礼即弯腰行礼，是表示对他人敬重的一种郑重礼节。这种礼节一般用于下级向上级或同级之间、学生向老师、晚辈向长辈、服务人员向宾客表达由衷的敬意。

社交场合的鞠躬一般为一鞠躬，具体做法：面向受礼者，距离为两三步远，立正站好，保持身体端正，以腰部为轴，整个肩部向前倾 15° 以上（一般是 60°，具体视行礼者对受礼者的尊敬程度而定，弯曲角度越大，礼节越重）。

（5）握手礼

握手礼是最为常用的一种见面礼。无论双方是第一次见面，还是已经熟识，都可以通过握手向对方表达致意、祝贺、慰问、鼓励、感谢等。握手的原则是“尊者为先”，由尊贵一方先伸手。握手顺序见下图。

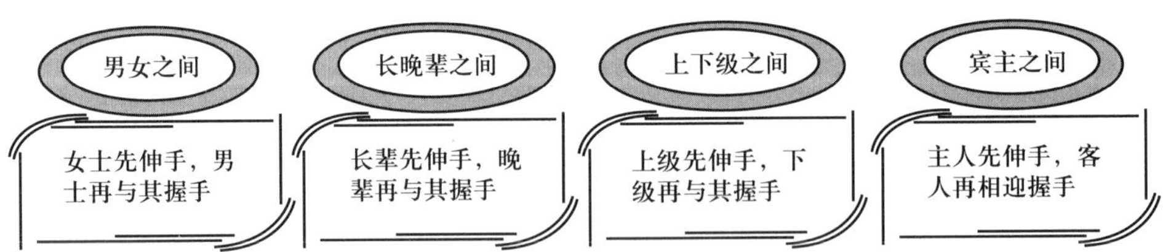

握手持续时间以 2～4 秒为宜，太长会让人觉得不舒服，太短则显得没有诚意。但熟人在一起或满含感激之情时，握手时间可以长一点，也可以双手相握，用左手盖在对方右手上，以示亲切。

握手时眼睛要注视对方，不能东张西望，还要微笑致意，握手力度要适中。握手时可上下抖动，不可左右摆动。

（6）拥抱礼

拥抱礼是西方国家通用的一种礼节，是十分常见的见面礼和道别礼。

具体做法：双方面对站立，各自张开双臂，表示要行拥抱礼，接着右臂抬高，左臂稍低，两人靠近，上体接触后，双方用右臂拥住对方的左肩背部，左手稍微抱持对方的腰部，有时手可以轻轻地拍一拍对方的背部，头部向左，口称“欢迎”“您好”等，然后二人交换姿势，再向对方右侧行拥抱礼。

4.2.3 介绍礼仪

（1）自我介绍

在自我介绍时，应注意运用以下技巧。

1）选择好自我介绍的时机。

2）首先镇定且充满自信，清晰地报出自己的姓名，并恰当使用体态语言表达自己的友善、关怀、诚意和愿望。

3）根据不同的交往目的，注意介绍内容的繁简，具体要求见下表。

自我介绍的内容要求

序号	内容	介绍要求
1	姓名	◎自我介绍时，应当报出全名，不可有姓无名或有名无姓
2	单位	◎有时可以暂不报出具体工作部门
3	职务	◎有职务的最好报出职务，职务较低或无职务的，则可不报

4）介绍的内容要真实。

5）控制好自我介绍的时间，有意识地抓住重点，言简意赅。

6）自我介绍时可以采用如下所示的两种形式。

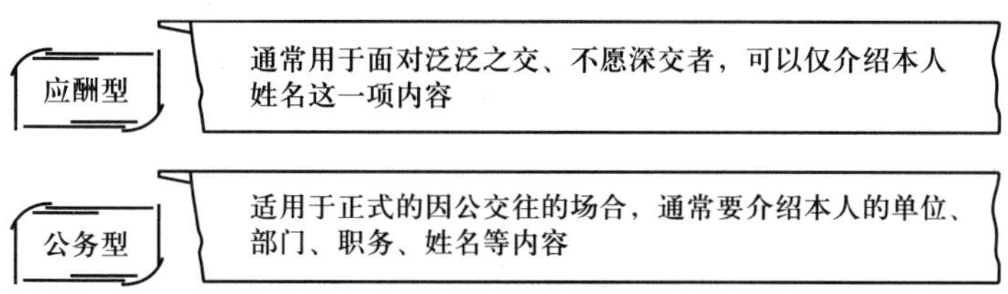

7）自我评价时要掌握分寸，不宜用表示极端赞颂的词，如“很”“第一”等，也不应有意贬低自己。

（2）介绍他人

在介绍他人时，应注意运用以下技巧。

1）首先要了解双方是否有结识的意愿，如有意可适时介绍。

2）遵守介绍的顺序，应依“尊者先知”或“先向尊者介绍”的准则介绍他人，具体顺序如下。

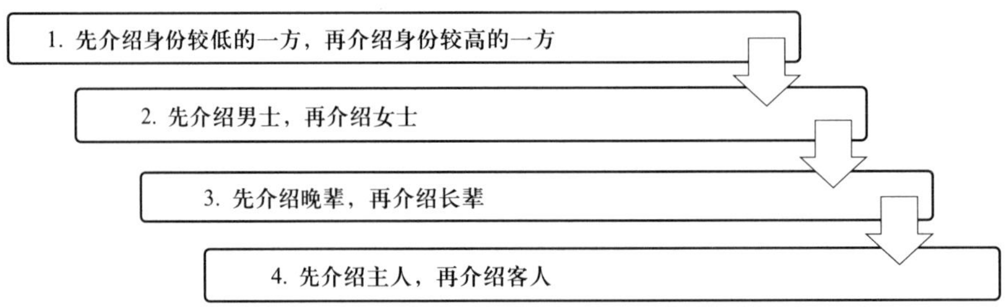

3）介绍的内容通常包括双方的姓名、工作单位，双方的共同爱好、共同经历或其他方面的相似之处。

（3）介绍集体

介绍集体时要遵循“先卑后尊”的规则，介绍的两种方式见下表。

介绍集体的两种方式

序号	介绍方式	说明
1	单向式	◎当被介绍的双方中一方为一个人，另一方为由多个人组成的集体时，往往可以只把个人介绍给集体，而不必再向个人介绍集体
2	双向式	被介绍的双方皆为由多个人组成的集体时，双方的全体人员均应被正式介绍 ◎由主方负责人首先出面，依照主方在场者规定的顺序，依次介绍主方全体人员 ◎之后由客方负责人出面，依照客方在场者规定的顺序，依次介绍客方全体人员

4.2.4　问候礼仪

问候，也称问好、打招呼。一般而言，问候是人们与他人相见时以语言向对方致意的一种方式。问候时，应注意问候的顺序、问候的态度和问候的形式等。

（1）问候的顺序

问候他人时，应遵循的顺序见下表。

问候他人应遵循的顺序

序号	问候对象	问候顺序
1	问候一人	◎应遵循“位低者先行”的问候顺序
2	问候多人	◎问候多人时，既可以笼统地加以问候，也可以逐一问候。当逐一问候多人时，既可以由“尊”而“卑”、由长而幼地依次进行，也可以由近而远地依次进行
3	问候客户	◎在与客户见面时，应先主动问候客户

（2）问候的态度

问候他人时，在具体态度上应做到如下图所示的四点。

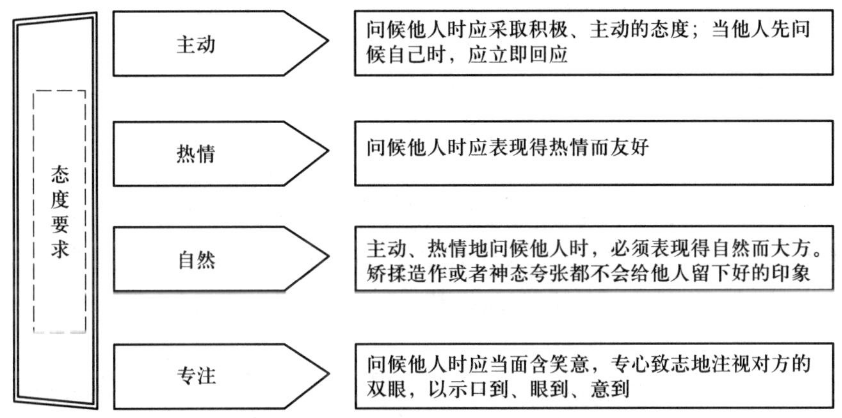

（3）问候的形式

1）直接式问候。直接式问候就是直截了当地以问好作为问候的主要内容。这种方式适用于正式的人际交往，尤其是宾主双方的初次相见。

2）间接式问候。间接式问候就是以某些约定俗成的问候语，或者在当时条件下可以引起的话题，如“忙什么呢”“您去哪里”，来替代直接式问候。这种方式主要适用于非正式交往，尤其是经常见面的熟人之间。

（4）问候语五忌

忌问收入、忌问职业、忌问健康（有病没病）、忌问婚姻、忌问学历。

4.2.5 拜访礼仪

良好的拜访礼仪能够为企业树立良好形象，实现拜访目的。

（1）选择合适的拜访时间

最好把拜访时间选在工作时间内，尽量避免占用对方休息、休假的时间；如果没有急事，应避免清晨或夜间拜访。拜访之前，最好以电话或其他通信方式与对方联系，尽可能事先告知，约定一个时间，以免扑空或打乱对方的日程安排，且要向对方讲明此次拜访需占用多长时间，以方便对方安排其他事情。

（2）拜访要准时

要严格遵守约定的时间，提前 5 分钟或准时到达，如果因特殊情况或有紧急事情不能前往或要推迟时间，一定要设法提前通知对方并表示歉意。如果对方迟到，应耐心等待，也可以充分利用等待时间做准备工作。

（3）在拜访中要充分尊重对方

1）到达拜访地点后，如果与接待者是第一次见面，应主动递上名片或做自我介绍；如果接待者是熟人，应互相问候并握手。

2）如果接待者因故不能马上接待，应安静地等候。等候时要安静，不要通过谈话来消磨时间，否则会打扰别人工作。如果等候时间过久，可向有关人员说明并另约时间，不要表现出不耐烦的情绪。

3）当对方献茶时应起身或欠身说“谢谢”，并双手接过。在谈话过程中，要注意自己的坐姿、谈话的语气和用词等，要避免给人傲慢无礼、对谈话内容反应消极的印象。

4）在拜访过程中，要留心对方的态度以及环境的变化，随机应变，遇到不愉快的事要尽力克制自己，温文尔雅的拜访礼仪有助于实现拜访的目的。

5）一般而言，拜访时间宜短不宜长，要尽可能快地将谈话引入正题，而不要闲扯其他内容。

（4）在友好的气氛中告辞

1）在拜访目的基本实现或到预约的时间时，应先说一段有告别意思的话再起身告辞，切忌在对方说完一段话后立即起身告辞，这容易使人产生误解，也不要在另一位客户刚到时就告辞。

2）一旦说出告辞，就要立即起身并婉言谢绝对方相送，但也不要过分客套，与对方你来我往地互推互让；切忌一边走，一边仍在喋喋不休地说，使对方无法回身。

3）告辞时要同对方和其他客户一一告别，对方相送时，应说“请回”“留步”等。

［案例］

礼仪，其实是一种智慧的表达。以下几部电影分别从拜访、面试、演讲、沟通、西餐、葡萄酒、馈赠、礼仪修炼、职场礼仪等方面呈现了礼仪在社会生活中的魅力，让我们在欣赏电影的同时，能够对礼仪的运用有更深的感悟。

《华尔街》是一部被众多学校指定的商务礼仪教学经典影片。影片中的主人公福巴德通过与股市大亨盖葛的一次商务拜访，抓住了难得的5分钟机会，从而赢得了事业的一个转机。他在拜访中的表现不卑不亢、有礼有节，充分体现了拜访礼仪的运用技巧。

《泰坦尼克号》是一部经典的电影。影片中出身贫寒的杰克第一次出席高档规格的晚宴，凭借自己的机智，在晚宴中表现得像是受过专业的西餐礼仪培训一样。我们可以将他在这场戏中的表演作为一堂西餐礼仪的培训课来反复观看。

《杯酒人生》是一部葡萄酒知识及葡萄酒饮用礼仪普及的经典电影。影片中的男女主人公在葡萄酒知识上的造诣颇深，在宴会场景中的表现堪称西餐饮酒礼仪的典范。通过影片的观看，我们在学习葡萄酒礼仪的同时，也多了一分对人生态度的思考：如何让生命在舌尖上跳跃。

《孔子》这部电影用舒展平实的镜头、大气委婉的画面将人们带到了那个两千多年前的旷世春秋，中国传统礼仪的博大精深也在影片中得到了充分展现。特别是季康子与孔子之间“玉环及玉玦”的故事，可以让我们了解到馈赠礼仪的精髓。

《当幸福来敲门》这部电影被称为励志榜样。威尔·史密斯扮演的男主角在改变他命运的那次面试中所表现出来的诚恳与幽默，给所有应聘者提供了面试的参考，也时刻激励着我们要追逐幸福。

《窈窕绅士》是一部国产喜剧。女主人公运用“习熏悟化”的礼仪修炼方法，成功地将一个举止粗俗、没有修养的企业家塑造成为一个“有形、有神、有味、有德”的绅士。这部影片给所有想要内外兼修、文质彬彬的职场人士提供了修炼礼仪的方法。

《国王的演讲》以英国国王突破演讲障碍的故事，全面、系统地介绍了如何通过演讲礼仪的运用，塑造自身形象、营造自己的影响力，是不可多得的演讲礼仪教学影片。

《在云端》的男主人公是一名专门为各类公司解决人事问题的裁员专家，影片充分展示了男主人公在工作中与人沟通、谈判的礼仪与技巧。在各种“极端”和“恶劣”的沟通环境下，男主人公的精彩演绎带给我们很多对沟通礼仪的思考：在纷繁复杂的社会中，我们每个人该如何放下包袱，进行有效沟通。

《杜拉拉升职记》描述了一个没有背景的员工，靠个人的勤奋努力，从销售助理成长为一个专业干练的人力资源经理的故事。在影片中，杜拉拉不仅展现了自己的职场耐心与智慧，也全面演绎了她对职场礼仪的解读。

即学即用

1. 结合你所在的行业和企业，谈谈你对职业形象重要性的认识。

2. 请列出你所在企业对员工在个人形象方面的要求。

3. 仔细观察导师或其他同事的日常礼仪，了解你所在企业的礼仪文化，对照改进自己的职业形象。

场合或情境	企业内的日常礼仪（语言、举止等）
1. 称呼	
2. 会面	
3. 问候	
4. 拜访	

注：可根据企业实际情况填写其他场合或情境礼仪，如乘坐班车、接听电话、会议座次安排等。如需要，可另附页。

职业能力

5.1 精 通 专 业

5.1.1 学习专业知识

知识就是力量，学习是获取知识的重要途径。学习虽无法改变人生的长度，却能增加人生的厚度；学习虽无法改变人的出身，却能改变人的命运。学习不仅是一种手段，更是一种态度，生命不息，学习不止。

学好专业知识是练好专业技能的基础，只有先掌握了专业理论知识，才能更好地理解和运用专业技能。

学习专业知识有利于实现自我价值。俗话说“三百六十行，行行出状元”，没有过硬的专业知识，就没有精湛的职业技能，也就无法把工作做好。要把工作做好，必须关注行业的发展动态及未来的趋势走向，要具备宽厚扎实的基础知识，以及广博精深的专业知识，这样才能更好地提升个人的核心竞争力。

学习能力是职业化的核心能力，未来的世界是给有学习能力的人准备的。在学习中精益求精，快学一步、多学一点，才能使自己获得竞争优势。作为新时代员工，应树立正确、积极的学习意识，向书本学、向他人学，把工作岗位变成最好的学习场所，为事业的成功充实知识储备。

员工在学习专业知识时应注意以下几个方面。

（1）树立终身学习的理念

2020 年 11 月 24 日，习近平总书记在全国劳动模范和先进工作者表彰大会上的讲话中强调了终身学习的重要性。总书记指出：“当今世界，综合国力的竞争归根到底是人才的竞争、劳动者素质的竞争。我国工人阶级和广大劳动群众要树立终身学习的理念，养成善于学习、勤于思考的习惯，实现学以养德、学以增智、学以致用。要适应新一轮科技革命和产业变革的需要，密切关注行业、产业前沿知识和技术进展，勤学苦练、深入钻研，不断提高技术技能水平。”

现代社会科学技术迅猛发展，知识更新越来越快，知识的“保鲜期”越来越短。人才学上的“蓄电池理论”告诉我们，一块高能电池的蓄电量是有限的，只有不断地进行周期性充电，才能可持续地释放能量。那种一次性“充电”即可受用终身的时代已成为历史。员工必须终身持续不断地学习，不断更新自己的知识，才能与时俱进，胜任本职工作。

［案例］

全国劳动模范孔祥瑞以“当代工人，只有有知识、有技能，才能有力量”为座右铭，坚持学习、坚持实践、坚持创新，从一名只有初中文凭的码头工人，成长为一名享誉全国的“蓝领专家”。

1972 年，17 岁的孔祥瑞初中毕业，被分配到天津港当门吊司机。当时的天津港从匈牙利进口了 3 台门吊机，面对新设备和复杂的操作参数，孔祥瑞在师傅的鼓励下研究起了设备使用说明书，一页页看、一条条记，直到吃透弄懂。“那段时间，工友们休息我看书，拼的就是耐力，靠的就是勤学好问，这也让我第一次感受到了知识的力量。”经过三个月的艰苦学习，孔祥瑞精通了吊机的设计参数、工作原理，成了队里的技术专家和吊装高手。

2001 年，在天津港冲击亿吨大港的过程中，孔祥瑞所在的装卸队承担了 2 500 万吨货物的装卸任务。设备还是这些设备，人还是这些人，可任务量却增加了近 30%。孔祥瑞组织技术骨干集体攻关，通过“抓斗起升、闭合控制合二为一”的创新方法，使每台门机完成一次作业可节省 15.8 秒，每台门机平均每天可多装卸 480 吨，从而使全年装卸量达到了 2 717 万吨，超过了预定目标。这项操作法后来被命名为“孔祥瑞操作法”。

2006年，孔祥瑞加入到天津港“北煤南移”的重点任务中。在没有先例可借鉴的情况下，孔祥瑞主动请缨、勇于担当，组织编写了全国港口第一本系统设备故障维修技术指南，将日常保养和维修的442项做法加以总结归纳，供一线工人解决“疑难杂症”，实用性很强，深受欢迎。

孔祥瑞先后组织实施了220多项技术创新项目，获得16项国家专利，为企业创造经济效益超亿元。如今，基于AI的智能运输管理系统、全球领先的“智慧零碳”码头等一系列科技成果在天津港落地应用。孔祥瑞对年轻的同事们说：“人工智能时代，同样需要我们蓝领工匠。但我们需要转型、需要提升，要学会操作、养护更多的智能设备，把我们的动手能力、技术水平提升到新的水平，这是时代对我们的要求。”如今，退而不休的孔祥瑞，仍在埋头书海、努力学习知识，将传承理想、培育大国工匠作为新的追求。

（2）拓宽学习领域

现代意义上的高素质人才应当是基础知识扎实、专业精通、通识多能、特色突出的人。这就要求员工不仅具有某种专业知识与技能，是该领域工作的专门化人才；还能突破专业和职业领域限制，掌握多门知识，成为具有多种技能的通才。因此，员工需要充分利用各种社会渠道的广阔学习空间和教育资源，进一步开阔视野，不断拓宽学习领域，不断丰富自己的知识。拓宽学习领域意味着不仅自己所学专业要“精深”，相邻学科也要“广博”，不断向“博、大、精、深”迈进，真正成为专博相济、一专多能的人，使个人在不断学习的基础上，得到更加快速、有效、和谐、圆满的发展。

（3）温故而知新

“温故而知新”出自《论语·为政》，子曰：“温故而知新，可以为师矣。”意思是“温习学过的知识进而又能从中获得新的理解与体会，凭借这一点就可以成为老师了”。不断温习所学过的知识，从而可以获得新知识。人们的新知识、新学问往往都是在过去所学知识的基础上发展而来的，因此员工应不断温习学过的知识，并从中获得新启发。

（4）理论联系实际

理论联系实际是人类认识或学习的普遍规律之一。战国时期的思想家、教育家荀子曾提出：“不闻不若闻之，闻之不若见之，见之不若知之，知之不若行之。

学至于行之而止矣。”意思是“没有听到的不如听到的，听到的不如见到的，见到的不如了解到的，了解到的不如去实行，学问到了实行就达到了极点”。有些时候接受知识没有太大困难，但在运用知识解决问题时，却常常感到力不从心。知识源于生活、寓于生活、用于生活。员工应学会用理论分析实际，用实际验证理论，从理论和实际的结合中理解并掌握知识，在学中用，在用中学，将学到的知识转化为操作的技能。

[案例]

某机车公司员工宋威毕业于某技工学校焊接专业，分配进厂后，使用的是KR350型二氧化碳气体保护焊机，焊接的是壁厚2毫米的圆形管材。对宋威这个从未在工厂工作过的小伙子来说，学校所学的手工电弧焊知识已经远远不能满足本职工作的需要。

“我年轻，青春就是我的优势；我好学，学习就是我的法宝。”这句话写在宋威日记本的首页。为了尽快弄懂二氧化碳气体保护焊的操作方法，他每天都守在师傅身边看师傅焊接产品，还将自己的业余时间全部用在了学习专业知识和苦练操作技能上。上班时，他虚心向师傅和同事请教；下班后，他坚持每天用一个小时来练习圆管的正反手焊接；工余时，他找来焊接方面的专业书籍认真学习，充实理论知识。

功夫不负有心人。半年时间里，宋威熟练掌握了二氧化碳气体保护焊的操作方法和焊机的一般故障处理方法，掌握了本班组所有产品的组装、焊接、调修技能，成为班组中从产品组装到调修都能独立完成的第一人，同事们都戏称他能提供“组焊调一条龙服务”。也正是因为高超的技能水平，宋威很快成长为电焊班班长。

宋威操作技能水平的快速提高，归功于他重视提升学习能力，培养良好的学习习惯。他不仅有把工作做好的意识，而且能够为满足本职工作的需要而虚心学习，安排好自己的工作时间和业余时间，并坚持辛勤付出。

5.1.2 练就专业技能

纵有万贯家财，不如薄技在身。这是我们的祖辈对技能的基本认识和对生活经验的总结。专业技能是将所掌握的专业理论知识综合地运用于实践的能力。专业技能的高低是员工职业生涯成功与否的重要因素，可以通过教育和培训获得。

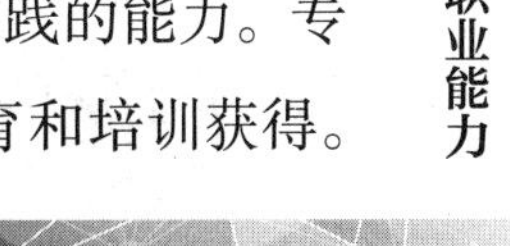

随着科学技术的迅猛发展，各类职业对从业者技术能力的要求越来越高，练就专业技能显得越来越重要。

党的十八大以来，习近平总书记高度重视、关心技能人才，多次对技能人才工作作出重要指示，要求培养更多高素质技术技能人才、能工巧匠、大国工匠，为全面建设社会主义现代化国家、实现中华民族伟大复兴的中国梦提供有力人才和技能支撑。

技能与就业有着密切的关系。所谓“有技能好就业”“长技能就好业”“高技能就业好”，现代社会需要大量高技能人才，对于劳动者而言，有自己的一技之长就能找到合适的工作岗位。同样，技能与收入也有着密切的关系，所谓“有技能有收入”“长技能涨收入”“高技能高收入”，对于员工而言，练就自己的专业技能，一定会获得丰厚的回报。

那么，员工应该如何练就专业技能呢？

（1）不忌惮从行业基层做起

从基层做起，当好一名普通员工，这是胜任工作、创新事业的基础。管理学上有一个著名的“蘑菇定律”，即一个组织一般对新进的人员都会一视同仁，从起薪到工作都不会有大的差别。无论你是多么优秀的人才，在刚开始工作的时候，都只能从最简单的事情做起，不受重视或打杂跑腿，就像培育蘑菇一样。蘑菇的生长特性是需要养料和水分，但要避免阳光的直接照射，一般需在阴暗角落里培育，过分的曝光会导致过早夭折。人的成长也会经历同样的过程，“蘑菇”经历对于成长中的年轻人来说犹如破茧成蝶，如果不经历这些磨炼就永远不会成为展翅的蝴蝶。

深入基层，掌握一线工作的全部细节，就是在为自己打下扎实的工作基础。任何一个人离开对基础知识的熟练掌握，想要成功都无异于白日做梦。

（2）找出你的那把“刷子”

新东方教育集团创始人俞敏洪说：“要研究一个非常专业的领域，在那个领域中，你是顶尖的，至少是中国前 10 名，这样无论任何时候你都有话说，有事情可做。”当别人没有“刷子”时，我们手里有一把“刷子”，即有点本事，有些能力，那么我们赢的概率就比较大；当别人有一把“刷子”在手时，我们必须有两把、三把甚至多把相当不错的“刷子”，这样才有胜出的可能。那么，我们的“刷子”在哪里呢？我们该如何拿到一把绝对过硬的“刷子”呢？当我们还不是一流人才时，就应该努力去锻造自己，找到只属于自己的优势，用经历、资质或者其他方面的突出表现来提升自己的整体竞争力，这样才能在竞争中成功晋级，而不是被别人淘汰出局。

雕刻、烹饪、理发、服装设计、园艺、茶艺、修理、钳工……各行各业都有其精妙之处，关键在于我们能否熟练掌握这些技能，是否达到了炉火纯青的地步。只要我们把自己要掌握的技能学到手、练到家，练成“独门利器”，就一定可以借此驰骋职场、笑傲人生。

（3）参加培训学习

学徒制在我国历史悠久，师傅带徒弟的工匠技艺传承方式一直是我国技术工人培养的重要制度。中国特色企业新型学徒制在传统的企业“师傅带徒弟”这一模式的基础上，引入了职业培训机构和职业院校协同开展培训，并由政府进行激励推动，给予政策支持和财政补贴。

中国特色企业新型学徒制政策推行以来，受到企业和员工广泛欢迎。对于企业来讲，该政策解决了企业技能人才培养的急难愁盼问题，有效缓解新形势下招工难、就业难的结构性矛盾，减轻企业学徒培养的成本负担，从根本上解决培训内容和岗位需要脱节的问题。对于员工来讲，新员工能够接受规范高质的职业技能培训以满足岗位需求，转岗员工能够接受转岗转业就业储备性技能培训，实现“转岗即能顶岗”，快速适应并胜任新的技能岗位。企业员工的理论知识、专业技能、职业精神等方面都得到大幅提升，为自身成长发展奠定了基础。

【案例】

现年 30 岁的晓龙是某电缆企业的一名员工。刚刚毕业时，他感觉学校的学习内容和工作内容不匹配，工作难以开展。2019 年，企业对新入职的员工开展中国特色企业新型学徒制培训，他报名参加了。晓龙这样描述自己的学习过程：“企业中有工作经验、有较高技能水平的技师在车间亲自操作讲解，一步一步地带领指导，把自己多年积累的理论知识、实践经验、专业技能传授给我们。工作之余我们还参加专业理论培训，有时学校老师走进工厂送教上门，有时老师在线上平台授课，并随时解答我们提出的问题。”如今晓龙已经拿到了高级工证书，不论是专业技术还是职业素养都有了很大的提升。他非常感谢集团能提供这样的学习平台，很庆幸自己能得到这次参加培训的机会。像中国特色企业新型学徒制这样针对性、专业性强的培训项目，他渴望还能有更多机会参加。

参加培训学习是员工快速提升专业能力的有效方法，员工应珍惜并利用好这样的机会。员工通过科学合理的培训在知识、技能、效果和态度等方面得到提高，改善知识结构，增强适应性，为自身进一步发展和担负更大的职责创造条件，从而满足其自我成长的需要。

（4）加强技能训练

《卖油翁》是宋代文学家欧阳修创作的一则写事明理的寓言故事，卖油翁倒油滴油不沾的本领告诉我们熟能生巧的道理。不管想练就什么过硬的本领，只要肯下功夫，勤学苦练，反复实践，就能找到窍门，得心应手。因此，员工加强技能训练，熟能生巧，就能熟练地掌握当前从事职业的操作技能，为自身职业的顺利发展铺平道路。

【案例】

宁允展，南车青岛四方机车车辆股份有限公司钳工高级技师，长期从事高速动车组转向架的研磨和装配工作，是第一位从事转向架定位臂研磨的技术工人。转向架定位臂研磨是高速动车组九大关键技术之一，转向架直接关系到车辆的运行安全和乘坐舒适性，定位臂则是转向架上连接车轮的核心部位。为了保证安全可靠，定位臂和轮对节点必须严丝合缝，而这要靠手工研磨来实现。定位臂经过机器粗加工后，留给手工研磨的空间只有 0.05 毫米左右，相当于一根细头发丝的宽度，磨少了，精度达不到要求，磨多了，十几万元的部件就可能报废。通过反复摸索和试验，宁允展钻研出了一套研磨方法，将研磨效率提高了 1 倍多，研磨精度也极大提高，有效保障了高速动车组转向架的高质量制造。宁允展说：“工匠就是要凭实力干活，凭手艺吃饭，想办法把活干好。”

在专业课程的技能训练中，员工应不放过每个环节、每道工序和每个细节，培养严谨认真的学习态度；了解相关技术的发展历史，培养传承和创新的能力；一丝不苟、耐心专注，严格执行操作要领和标准，不断磨炼技艺，让追求极致成为习惯。

（5）不怕吃苦

吃苦耐劳的精神，是员工提高专业技能必备的品质，也是员工立足于企业、立足于社会的最强大、最坚韧、最宝贵、最有效的“武器”。古人云：“吃得苦中苦，方为人上人”，“天将降大任于斯人也，必先苦其心志，劳其筋骨，饿其体肤”。吃苦并非坏事，特别是刚走向社会步入工作岗位的新员工，多尝些苦头，能够消除很多不切实际的幻想，对形形色色的人及事物有更深的了解，这正是积累经验、熟悉工作、历练和成长的好机会。

5.2 善于沟通

5.2.1 学会倾听

（1）抓住倾听的三个组成部分

倾听是沟通的开始，只有在倾听的过程中捕捉到关键信息、了解对方的兴趣和特点等，才能更好地表达自己的看法或主张，见下图。

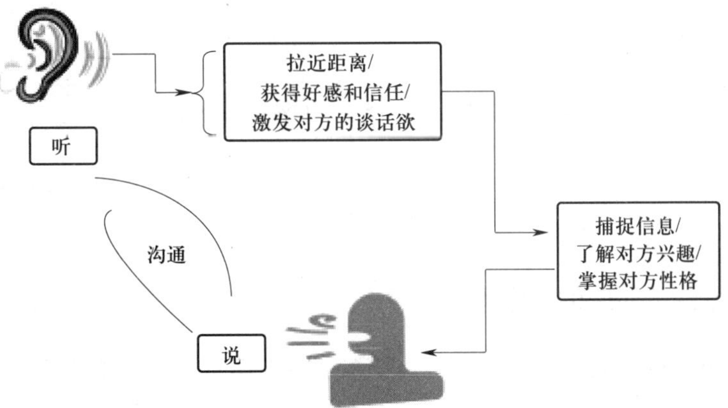

倾听并不等同于简单地“听”，它包括如下图所示的三个组成部分，即接收信息、筛选信息和解读信息。

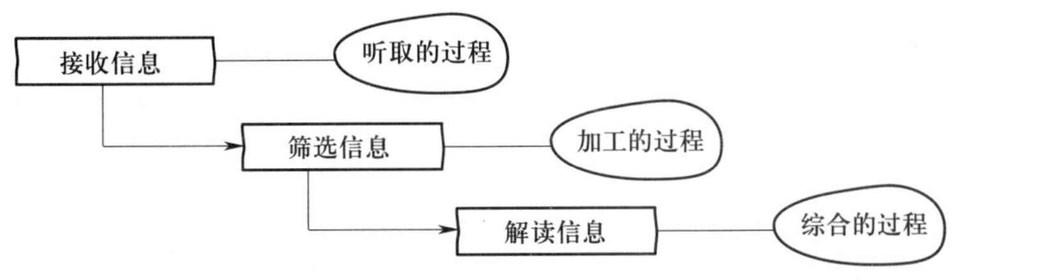

第5章 职业能力

1）正确接收信息。

全面接收——全面接收信息，不能只听自己感兴趣的信息。

排除干扰——不受外界环境干扰，专心地听取信息。

“听”“观”结合——不仅用耳朵听，还要用眼睛观察。

“耳”“手”结合——“好记性不如烂笔头”，要及时把倾听到的重要信息记下来，见下图。

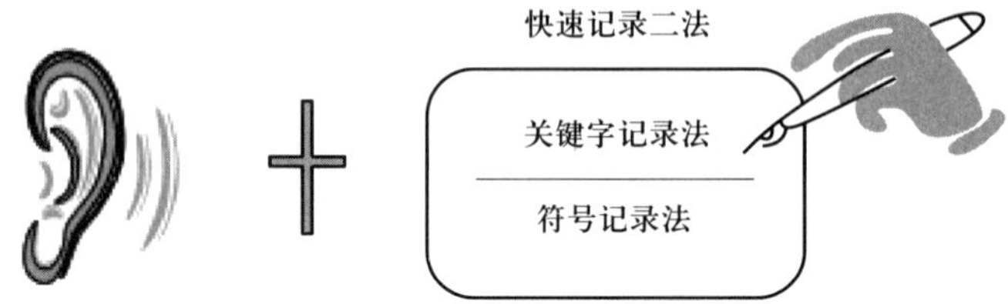

2）正确筛选信息。

抓取主旨法——抓住对方表达的主旨，就可以筛选出关键信息。

关键词提取法——重点提取能够表达主旨的关键语句和词汇。

过滤法——把一些无关紧要的、错误的、重复的、干扰的信息过滤出去。

3）正确解读信息。

领会深意——深入理解说话者的意图，听取“弦外之音”。

运用方法——运用多种分析工具来帮助自己理解，如分解树法、思维导图法等。

（2）找准影响倾听的十个因素

在职场沟通中，经常会出现表达信息和接收信息不对称的情况。之所以会出现这种情况，是因为人们在接收信息的过程中会受到多种因素的影响，如下图所示。这些因素或单一，或联合，影响着人们对信息的接收、筛选和解读。

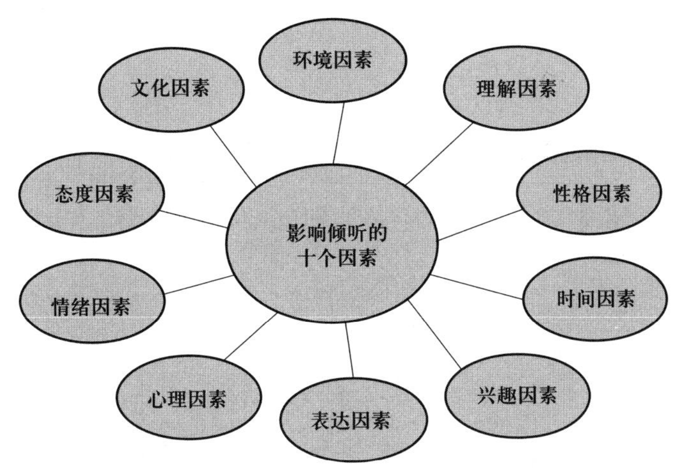

在实际沟通中，虽然人们不能完全避免这些因素的影响，但却可以通过一些技巧将这些因素造成的负面影响降至最低。

1）正确应对环境因素。尽量选择较为安静的场合进行沟通。如果所处环境较为嘈杂，就应集中精神，注意倾听。

2）正确应对文化因素。倾听时理解双方之间的文化差异，不带有文化歧视。接收不同文化背景下的信息时，应求同存异。

3）正确应对态度因素。倾听时应保持积极、谦虚的态度，不要太过随意，更不能轻视对方。

4）正确应对情绪因素。不带有不良情绪倾听，避免阻碍信息的接收和理解。如果不良情绪已经存在，要化消极情绪为积极情绪。

5）正确应对心理因素。倾听时，应摒弃抵触、厌恶、恐惧等不平和心理。

6）正确应对表达因素。当对方表达不清楚时，如口吃、发音不标准，应投入更多精力倾听，还可通过提问、重复对方话语的方式进行信息确认。

7）正确应对兴趣因素。倾听时不能只听自己感兴趣的内容，也不能只听感兴趣的人说话。

8）正确应对时间因素。长时间倾听容易出现疲乏，可适当转移注意力以缓解疲乏。当对方表达过多无用的信息耽误时间时，可适当引导对方讲述重点。

9）正确应对性格因素。理解并接受沟通双方之间的性格差异。如果自身性格急躁，就要注意培养倾听时的耐心。

10）正确应对理解因素。当倾听中出现疑惑时，应及时提问。不懂就是不懂，不要装懂。

（3）排除倾听者障碍

倾听者障碍主要来自人们主观上的认知偏差和沟通态度，具体表现在以下五个方面。

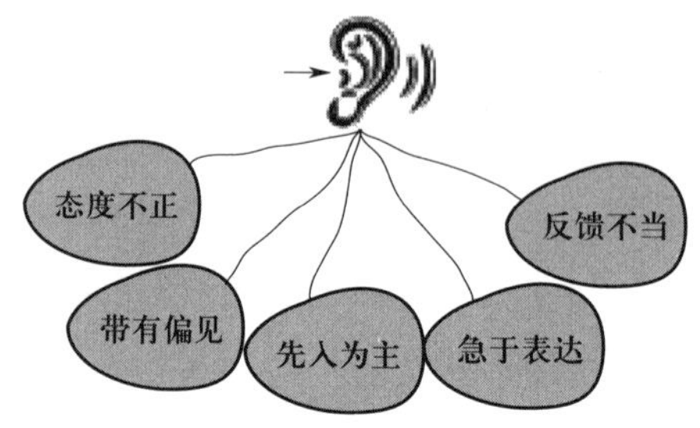

倾听者可以通过以下五种方法排除自身障碍。

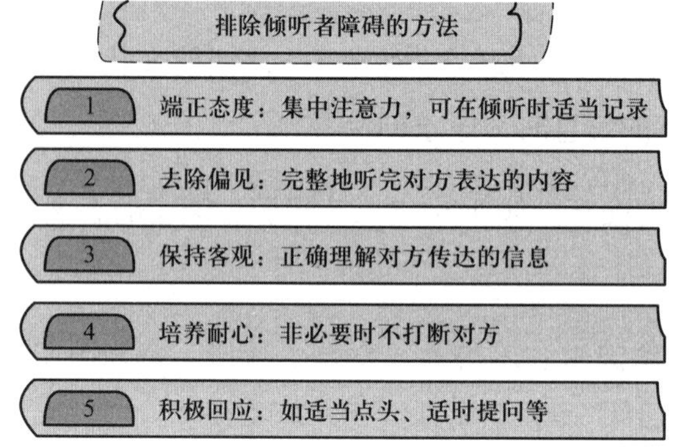

5.2.2 善于表达

（1）理解表达能力的六个内涵

俗话说“一言之辩，重于九鼎之宝；三寸之舌，强于百万之师”，良好的表达能力是现代职场人必须具备的能力。

要想拥有良好的表达能力，首先要理解表达能力的内涵。作为表达和沟通的内在支撑，下图所示的六个内涵对沟通的方式和效果有极大影响。

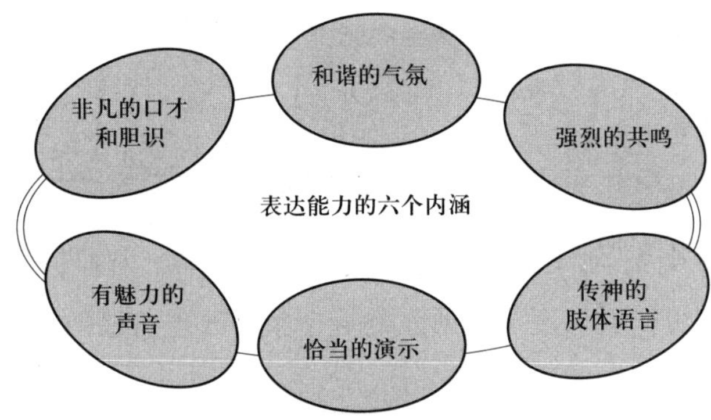

1）锻炼非凡的口才和胆识。有意识地训练自己谈话时的心理素质，勇于表达自己的观点和见解。

2）营造和谐的气氛。使用轻松、友好的开场白，在表达时充分考虑对方的接受程度。

3）引起强烈的共鸣。

一致法——积极寻求对方的认同，表示自己和对方站在同一立场。

换位法——站在对方的角度思考，以对方能够认同的表达方式谈话。

互动法——遵循双向的谈话模式，和对方充分互动。

4）展现有魅力的声音。控制音量，保持音量适中；掌控节奏，声音要抑扬顿挫，不能从头到尾不变；把控音调，保持音调不高不低；调整语速，不快不慢、不急不缓。

5）辅以恰当的演示。演示要以目的为导向，不能胡乱演示；演示要以结果为导向，不能徒劳演示。

6）运用传神的肢体语言。做到巧用手势、善用表情并注意小动作。

（2）抓住五个原则和六个要素

1）精确表达五原则。原则之于表达就如同罗盘之于航行，没有罗盘的航行会随波逐流，没有原则的表达就会失去方向。要想措辞适当、表达精确，需要遵循精确表达五原则，如下图所示。

要想更好地遵循精确表达五原则，就需要从思维、内容、语速、风格和尺度五个层面入手。你可以尝试用下图所示的五个技巧改善自己的表达。

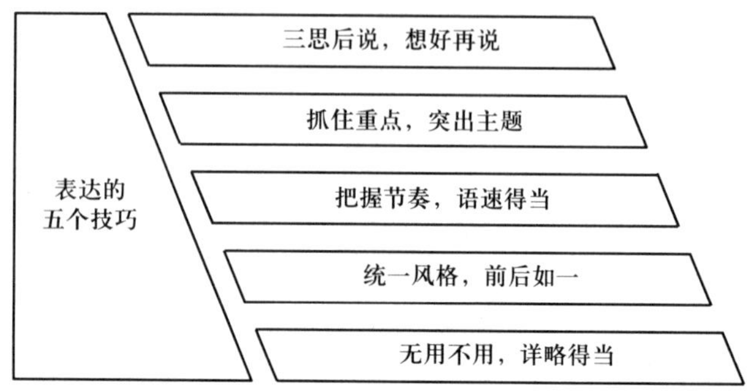

2）精确表达六要素。如下图所示的六个要素是实现精确表达的重要条件。

表达的六个要素
表达连续流畅
内容丰富多彩
语言恰当贴切
结构清晰有序
时机恰到好处
双方有效互动

如何流畅表达：训练清晰的思维，可事先演练。

如何丰富内容：通过举例、列数据等方式充实内容。

如何修饰语言：遣词造句、合理搭配等。

如何明晰结构：列提纲、提要点等。

如何寻找时机：通过有效控制时间来创造时机。

如何增强互动：通过提问、反馈等方式增强互动性。

（3）遵循“四要”“四不要”标准

无规矩不成方圆，表达亦是如此。要想精确表达，就要了解表达的标准，保证自己的表达方式和尺度运行在正确的轨道上。概括来讲，表达应遵循“四要”和“四不要”标准，如下图所示。

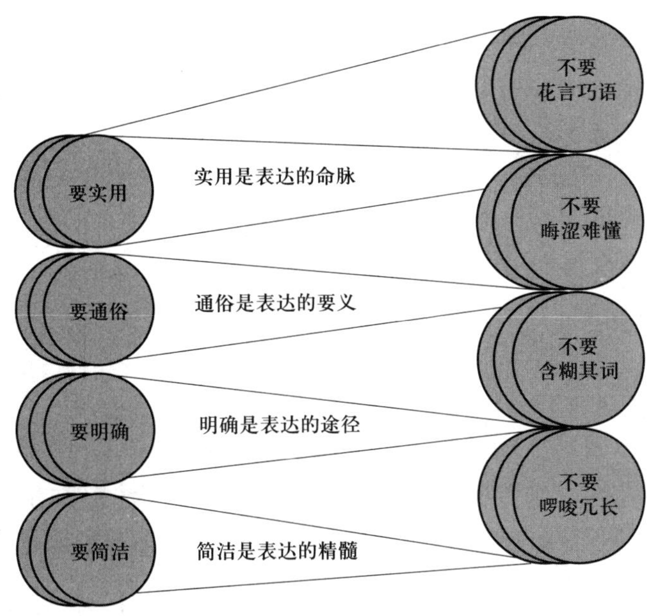

1）如何表达才能实用。

以目的为导向——表达时根据目的选用有效的语言，不能太过藻饰。

以主题为导向——要有明确的主题，表达时要有针对性地选择为主题服务的语言。

以结果为导向——表达时要以取得结果为目标，避免将过多心力放在华丽的辞藻上。

2）如何表达才能通俗。

了解对象——充分了解对象的特征，根据对象的语言习惯或者接受水平来选择所要表达的内容。

使用短句——句子过长容易给对方造成理解上的困难。

不卖弄辞藻——不能为了卖弄辞藻而刻意选用一些晦涩难懂的词句。

3）如何表达才能明确。

不使用有歧义的语句——避免使用具有歧义或者争议的语句。如果必须使用，应予以解释。

不要卖关子——明确地表达自己的观点，不要让对方猜测。

4）如何表达才能简洁。

抓住重点——抓住表达主旨，可提取一些关键词，然后围绕关键词进行表达。

学会舍弃——与沟通主题无关的表达陈述应尽量舍弃，否则可能会使表达重点模糊，复杂冗繁。

学会删减——学会用最简洁的语句表达最直接的主题。

不要重复——不要反复陈述已经表达过的观点。

5.2.3 恰当提问

（1）区分问的对象和场合

恰当的提问能够获得更多的信息，从而掌握沟通的主动权。但是提问不能随心而定，必须考虑提问的对象和场合。对象因人而异，场合因事而异，这决定了人们提问方式与内容的差异性。

1）提问的对象。提问要因人而异，这其中的“异”应该从下图所示的角度去辨别。

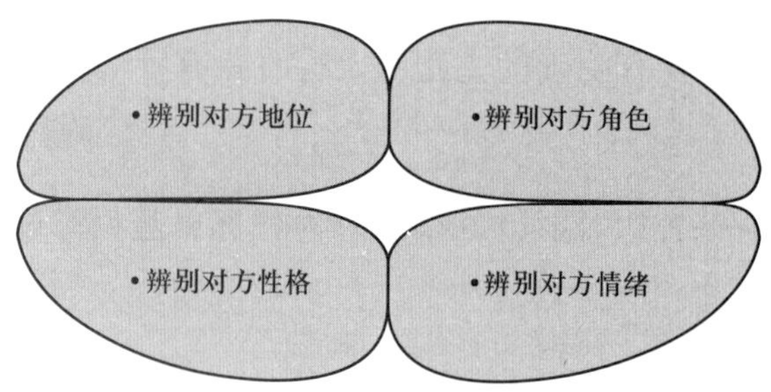

职场中人际关系错综复杂，但无外乎上级、下级、同事、客户这几种关系群体。当面对这些不同的沟通对象时，提问应注意的事项也不同，如下图所示。

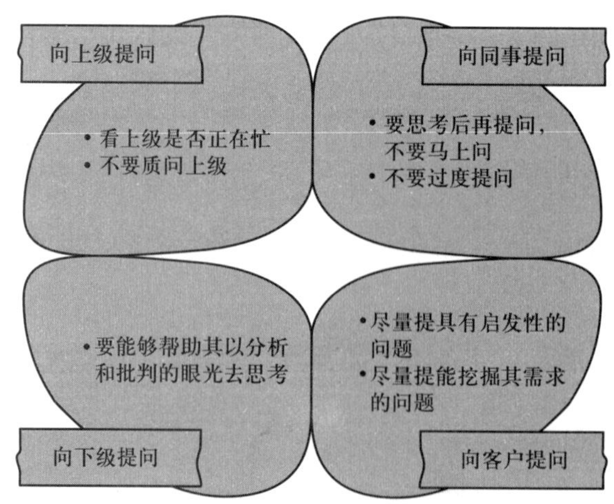

2）提问的场合。同样的提问在不同的场合往往会产生不同的效果，收获不同的答案。因此，若想得到期望中的精确答案，一定要注意提问的场合。

关注提问场合需要做到两点，即接受场合限制和寻找适当场合。

接受场合限制为“守”，强调提问的适应性；寻找适当场合为“攻”，强调提问的把控性。那么，如何才能“攻”“守”兼备，实现适应性和把控性的统一呢？可参考下图所示的技巧。

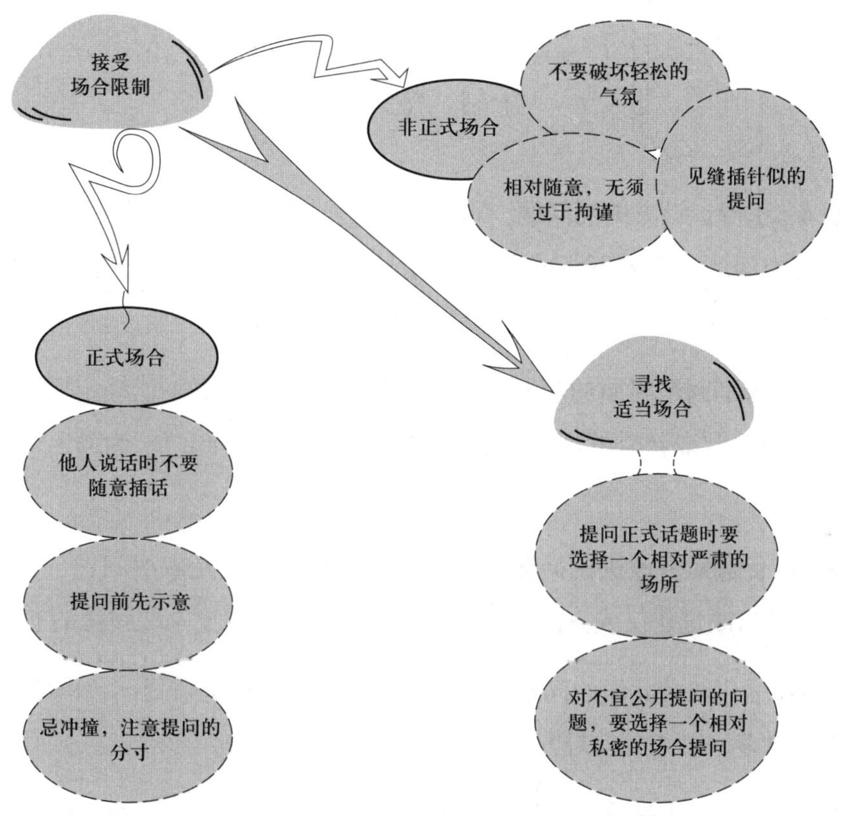

（2）选择恰当的问题类型

区分好提问的对象和场合后，就需要选择与之相匹配的问题类型。问题类型大致可以分为以下 9 种。

类型 1：激发对方情感的问题。适合较为熟悉的沟通对象和更为私密的沟通场合。提问的方向具有很强的针对性，要注意循序渐进、积极引导，注意观察对方的情绪变化和心情波动。

类型 2：造成对方压力的问题。这类问题的提问方式往往会给人们带来一定的压迫感，通常在人们想要对方做出某项决定、选择或者接受某一观点时使用。提问时应尽量做到语调柔和、措辞得体，以免给对方留下强加于人的印象。

类型 3：启发对方思维的问题。思维是需要启发的，而一个恰当的提问往往可以启发人的思维。在提问过程中，可以采取如下图所示的四种方法设置问题，启发对方的思维。

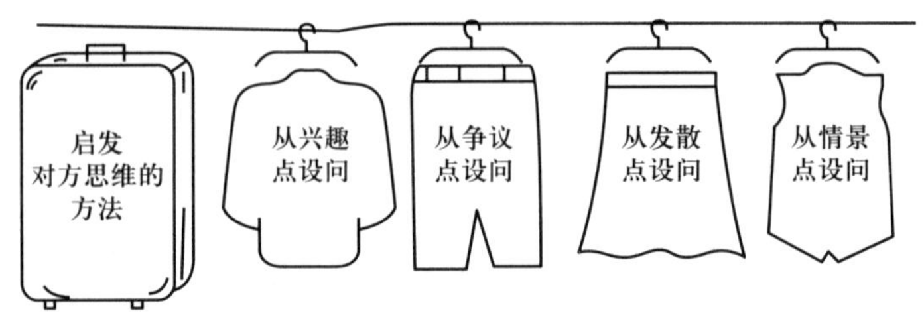

类型 4：引导谈话方向的问题。引导谈话方向的提问可以帮助人们掌握沟通的主动权。这类问题适合向下级或客户提问，提问时要注意自然、合理地引导，刻意为之往往效果不佳。

类型 5：辨别问题实质的问题。在事实模糊不清或自身不能确定问题实质时，需要选择这类问题来获得事情的真相。提问时常用“为什么”“为何”“是不是这样”等词语。

类型 6：促进对方改进的问题。这类问题的最终目的是解决问题、改进方法。提问时要先提出改进建议或方法，再征询对方的意见，不要采取强压的态度。

类型 7：强化双方共识的问题。即将沟通的结果单独进行提问，以便确认。这类问题不宜过多，以免引起对方的反感。

类型 8：确认对方需求的问题。在不明确对方的需求时，要通过开放式提问获得并确认对方的需求。沟通一定要在了解双方需求的基础上进行，只有这样才可能达成共识。

类型 9：表明自己立场的问题。提问时不宜太过直接，以免使沟通陷入僵局。可以采取反问的方式将自己的立场表述出来，再征求对方的意见，从而获得对方的肯定。

沟通过程中，只有选对问题的类型，并在适当的时机提出，才能保证提问的效果和沟通的顺畅。选择问题类型时，应考虑如下几点。

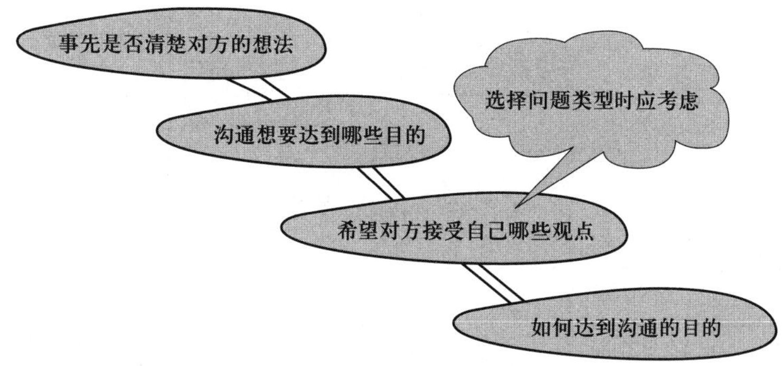

（3）遵循提问的十字箴言

要想成为沟通达人，就要深谙提问的技巧。提问的技巧可以通过训练获得，提问的十字箴言是技巧训练的通关密语。

箴言 1：知。“知”即知晓。知彼知己，知因果知联系，知优势知弱势，知全局。遵循“知”便可以明明白白地提问。

- 从头到尾理一遍问题本身。
- 想清楚自己想要获得哪方面的答案。
- 明确谁是直接关系人，从谁那里才能获得自己想要的答案。

箴言 2：礼。“礼”即礼仪。礼仪是微妙的东西，它既是人们交际不可或缺的，又是不可过于计较的。以己之礼，待他之人。遵循“礼”便可以有理有度地提问。

- 提问要有礼貌，不能随便打断对方的话。
- 杜绝使用讽刺性、盘问式、审问式的发问。
- 向长者或上级提问时，要注意措辞，不能过于随便。

箴言 3：德。“德”即德行。谦虚大度，平等待人。遵循“德”便可以真诚提问。

- 提问要谦虚，不要过于表现自己，更不要摆出一副高高在上的姿态。
- 不要揪住对方的缺点或失误进行提问，要针对主题选择有帮助的内容进行提问。

箴言 4：抓。“抓”即抓取。抓准时机，审时度势。遵循“抓”便可以恰到好处地提问。时机的选择，如下图所示。

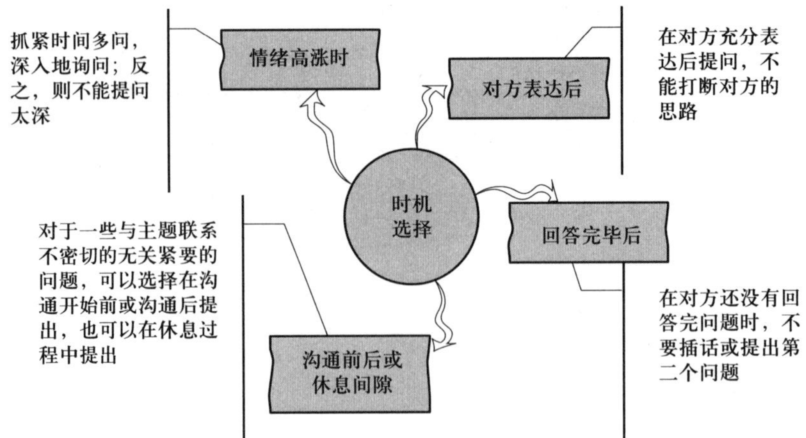

箴言5：移。“移”即转移。善于转换、捕捉信息。遵循“移”便可以灵活变通地提问。

箴言6：围。“围”即围绕。围绕主题，进行设计。遵循“围”便可以“集中攻势”地提问。

箴言7：跟。“跟”即跟随。投其所好，事半功倍。遵循“跟”便可以有的放矢地提问。

箴言8：引。“引”即引导。引导对方，占据主动。遵循“引”便可以掌控全局地提问。

箴言9：煽。“煽”即煽动。争取同理心，获得答案。遵循“煽”便可以激发共鸣地提问。

- 提问时可将问题与对方联系起来，使其感同身受。
- 提问时可描述场景，使对方身临其境。
- 此技巧不要使用过多。

箴言10：忍。“忍”即理性。能忍则忍，切忌冲动。遵循“忍”便可以平和、客观地提问。

5.2.4 成功说服

（1）取得对方的信任

信任是成功说服的基础。要想取得对方的信任并不难，可以先通过认真倾听拉近彼此距离，再有针对性地迎合，以取得信任。

迎合对方可以让对方产生一种被尊重与被赞同感，是取得对方信任的一种有效方法。表现迎合的行为通常有以下三种。

1）“鹦鹉学舌”。倘若自己不擅长沟通，或者判断不出对方所言的真实意图，可以采取“鹦鹉学舌”的方式来回应并迎合对方。具体方法如下图所示。

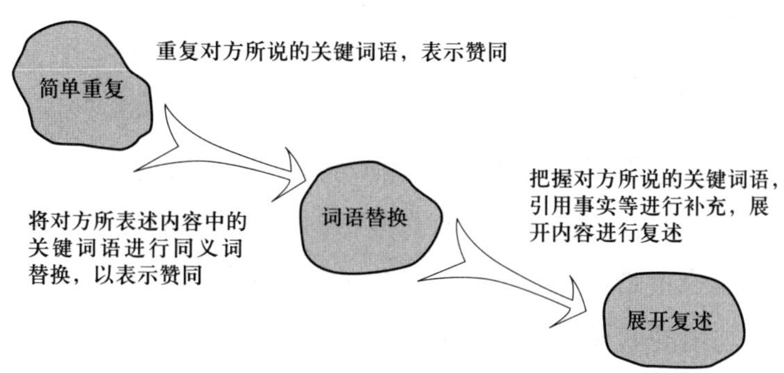

2）表示理解。有意见分歧时，应换位思考，多角度看待问题，避免各执一词，互不相让。具体方法如下图所示。

3）表示认同。对于无关紧要的问题，可以直接表示赞同。当确实不同意对方的观点时，要先保留意见，等待合适时机再发表见解。

（2）寻找最佳突破点

要成为一名说服者，就必须明确自己究竟要说服谁。找准最佳突破口会使说服事半功倍。而说服的初衷和落脚点都离不开被说服的对象，所以想要寻找最佳突破点就需要掌握说服对象的个性和特质。

1）掌握对方性格。说服别人的最终目的就是要让对方接受自己的观点。不同性格的人对于接受他人意见的敏感程度是不一样的，如下图所示。

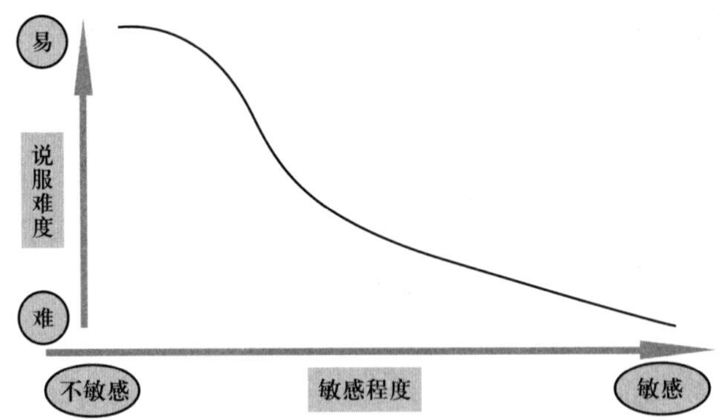

由此可知，越容易被说服的人，其敏感程度越低；而越难被说服的人，其敏感程度越高。但无论对方是自负却没有真本事的人，还是有才华又虚心求教的人，是急躁的人，还是稳重踏实的人，只要掌握了其性格特点，有针对性地进行说服，就可能取得事半功倍的效果。

2）掌握对方长处。从对方的长处入手进行沟通，往往更能引起对方谈话的兴趣。对方的长处往往可以被转变为说服对方的强有力条件之一，例如，你可以从其擅长的领域入手，展开话题，也可以向对方请教其擅长的东西，拉近彼此距离。

3）了解对方兴趣。每个人都喜欢谈论自己比较感兴趣的话题或事物。沟通过程中，一旦谈论对方感兴趣的内容，对方的敏感度与戒备心理就会降低，从而达到说服的目的。

4）把握对方想法。把握对方的真实想法，从对方的角度出发进行说服，有利于提高说服的成功率。在沟通过程中，对方所坚持的个人想法往往是影响说服效果的关键所在。对此，你可以通过提问的方式引导对方说出真实想法。

5）关注对方情绪。说服对象的情绪波动直接影响说服的效果。在沟通过程中，要时刻关注对方的情绪变化。对方的情绪主要受三方面因素影响，如下图所示。

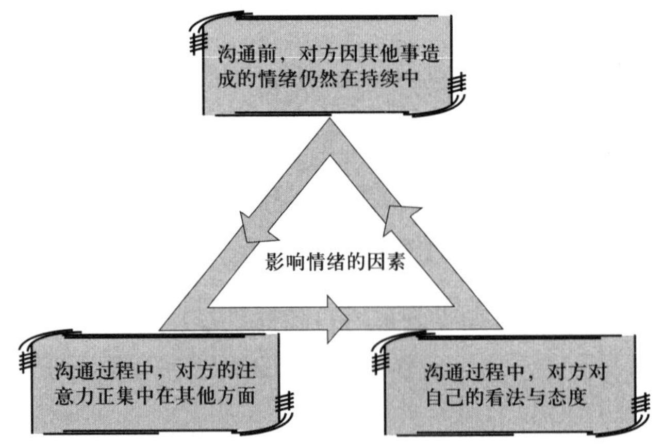

5.2.5 提供反馈

反馈作为沟通的重要组成部分，是表达自己观点和见解的方式，也是增进双方感情的桥梁。给予反馈的过程就是和对方进行交流的过程，这在很大程度上可以促进工作关系的改善。给予反馈的内容在一定程度上会涉及人们完成工作的方式，有效反馈可以起到优化工作过程的作用。给予反馈的目的可能会指向可衡量的工作结果，有效的反馈可能会带来更完美的结果。

（1）反馈之前先定位

反馈通常以一对一或者一对多的交流形式展开。作为互动交流的重要组成部分，反馈可以在很大程度上引导人们在特定情境中做出正确的行为，是增强自身影响力的有效途径，也是加深双方关系的纽带和桥梁。

从下图所示的反馈过程中可以看出，定位是展开反馈的第一步。

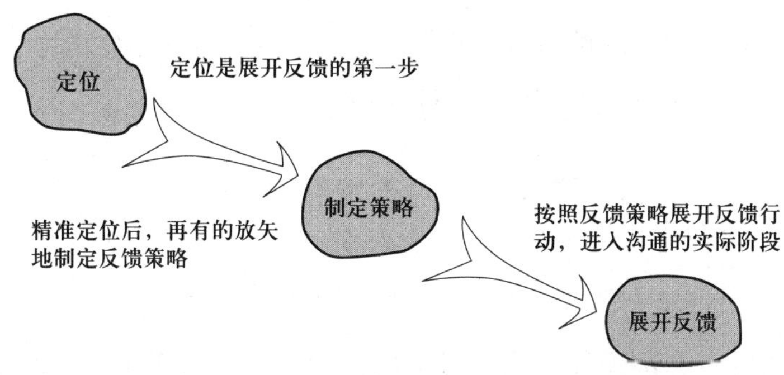

那么，如何才能在反馈之前进行精准的定位呢？可以从如下图所示的六个方面入手。

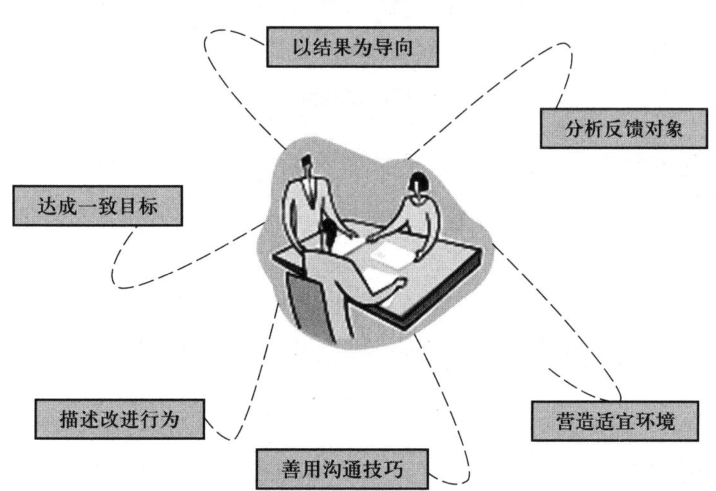

1）以结果为导向。从最终想收获的结果反推起始的定位，保证定位没有偏差。

2）分析反馈对象。通过分析反馈对象的性格、身份等特征定位反馈的方式和方法。

3）营造适宜环境。从环境入手定位反馈的风格和谈话的方式。

4）善用沟通技巧。掌握必备的沟通技巧，精准定位反馈的内容和方式。

5）描述改进行为。向反馈对象描述具体的改进行为，定位反馈活动的目标和实质。

6）达成一致目标。力争与反馈对象达成一致的目标，精准定位反馈活动的目标。

（2）提供反馈有方式

反馈的内容具有多样性，反馈的对象具有差异性，所以有效反馈的方式不尽相同，大致可以分为六种。

方式 1：自我寻求的反馈方式。自我寻求的反馈一般是指反馈者希望在沟通过程中寻求自我意识、自我肯定的一种反馈方式。

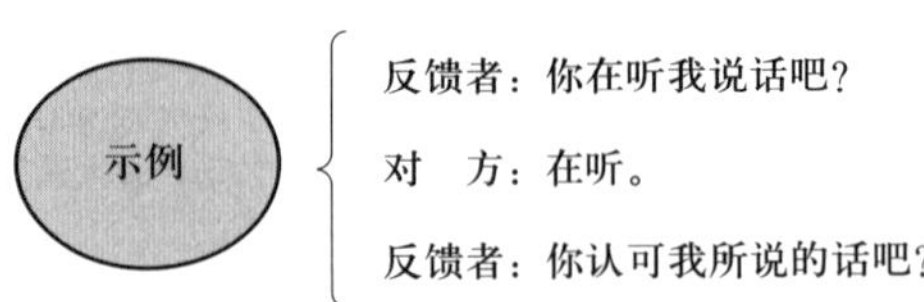

方式 2：寻求反复的反馈方式。寻求反复的反馈一般适用于两种情况，一是反馈者没有听清楚对方的谈话内容，二是需要对重要事项进行确认。

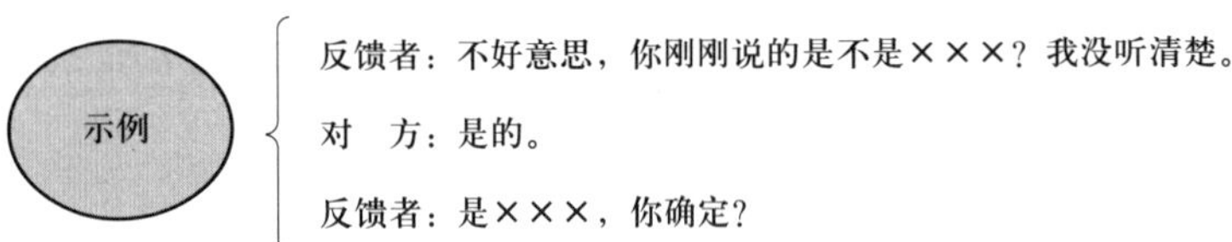

方式 3：复述内容的反馈方式。反馈者将对方的谈话内容复述一遍，再进一步确认信息的同时也易于引起对方强烈的共鸣。

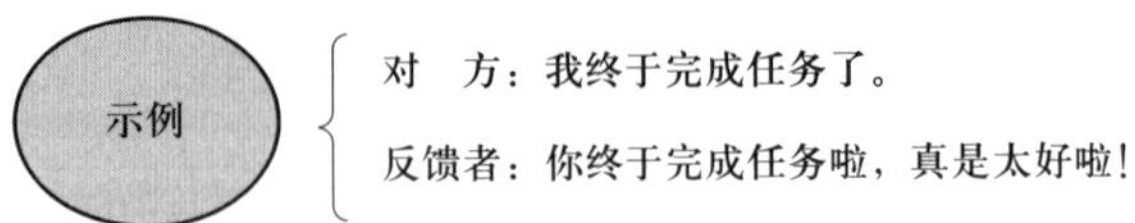

方式 4：表示同意的反馈方式。反馈者肯定或认可对方的谈话内容或行为，并让对方明确知晓。

是，很好，不错，可以……
口头语言
肢体语言
点头，微笑，颔首……

方式5：纠正对方的反馈方式。反馈者不认可对方的谈话内容或行为，并提出意见或建议。

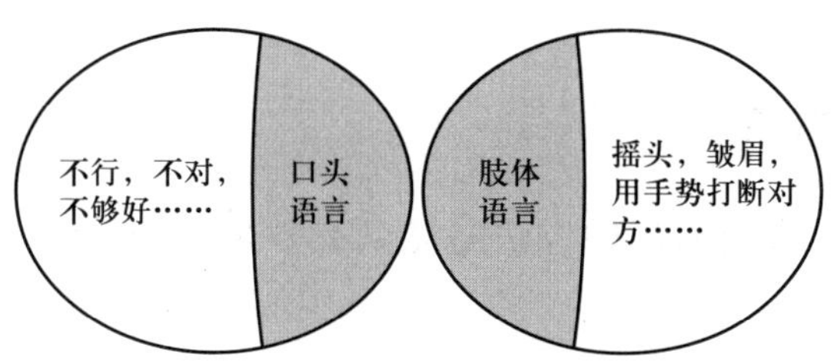

方式6：表示愉快的反馈方式。反馈者为了营造气氛、拉近距离、鼓励对方，用赞扬或认同的方式表达自己的内心感受。

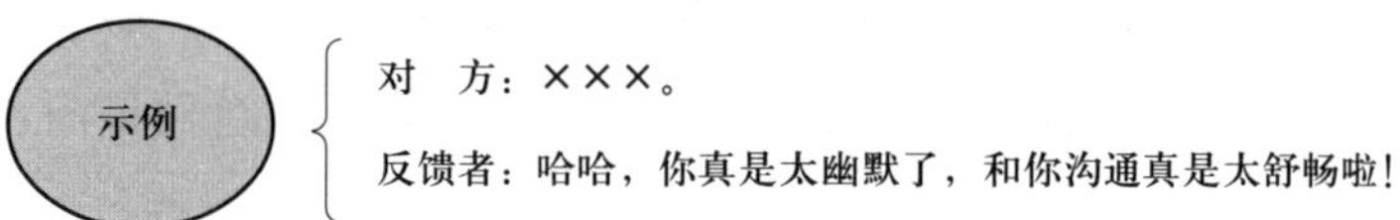

（3）给予反馈有步骤

行之有效地给予反馈应遵循以下三个步骤。

1）反馈之前的准备工作。

- 明确期望值和目标。
- 收集反馈时要用到的所有资料。
- 选择合适的时间和地点安排一次面谈。

2）反馈之中的控制调节。

- 进行描述时要做到条理清晰、内容客观。
- 用一种积极的态度把控反馈氛围。
- 有效倾听并提出能够被对方理解的意见或建议。

3）反馈之后的总结完善。

- 事后回顾反馈全程，并为自己做出评价。
- 寻求对方带给自己的反馈，并思考总结。

5.3 有效执行

5.3.1 讲究方法

在工作实践中，采用适当的方法是做到有效执行的关键。执行的方法主要有以下三种。

（1）目标分解——分解树法

分解树法是一种有效分解目标的方法。有效的目标是提高执行效能、获取执行结果的重要依据，因此，要想执行成功，首先要确立目标。但在现实中，如果只确立目标而不懂得将目标进行分解，那么目标最终很可能只是海市蜃楼般的存在，难以实践。

目标分解就是将大目标分解成小目标，或将长远目标分解成短期目标，然后再分解成可以具体操作执行的目标的过程。

分解树法可将目标按层级划分为大目标、小目标、可操作目标，并将其填入相应分支。利用分解树法将目标分解后，各层级目标之间的逻辑关系一目了然，如下图所示。

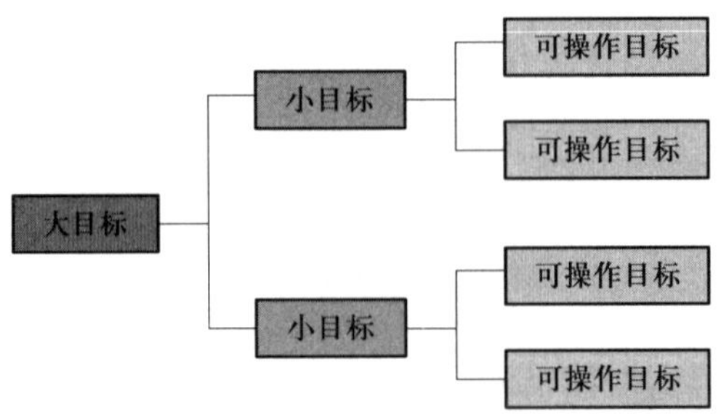

利用分解树法对目标进行分解时，可以采取如下图所示的四个步骤。

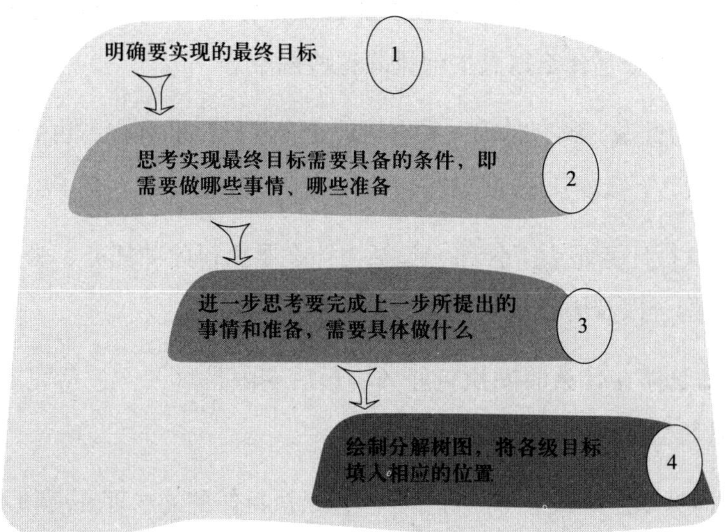

分解目标时应注意以下几点。

1）不可贪多。如果一次性或一段时间内分解的目标数量过多，执行人员可能会难以完整、准确地把握这些目标。这种情况会给执行人员带来巨大压力，不利于执行过程的顺利进行。

2）不要求快。正所谓欲速则不达，每一个小目标的完成都需要一定的时间，不能一味追求速度，以免影响目标完成质量。

3）不能中断。细分后的小目标之间是相互关联的，且每个小目标都是整体目标的构成要素，任何一个小目标中断，都会对全局造成影响，使整体目标难以实现。

4）适当奖励。当完成一个可操作目标或一个小目标时，可以适当奖励自己，以鼓励自己继续努力。

（2）任务分析——7W1H 法

任务分析是指在执行任务过程中，执行者使用一定的方法和手段对工作任务进行分析、分解，找出执行任务所需的各种条件和要素及其相互之间的关系。

7W1H 法是一种较为有效的任务分析方法。

1）7W1H 法的内涵。

Who：即此项任务由谁来执行、协作人员有哪些。找出相关人员后，对相关人员做基本分析。

What：即要执行的任务和所要实现的目标是什么，评判标准是什么，执行过程中可能遇到的困难是什么以及如何排除这些困难等。

Whom：即为谁做，顾客是谁。顾客可以是企业外部的客户，也可以是企业内部的客户，如上级、下级或其他部门的同事等。分析顾客的特征，并了解顾客的需求。

Why：即执行任务是为了什么。包括为什么要执行此项任务、为什么需要这些人员的参与和配合以及为什么采用这些方法等。

When：即具体在什么时间执行任务、最后期限是哪天。包括完成总体目标的时间、完成阶段性目标的时间等。

Where：即具体在什么地点执行任务。包括执行任务的物理环境和人文环境等。

What qualifications：即执行此项任务的人员应该具备哪些资质条件。如执行人员的专业技能、知识储备、经验、人际沟通能力、综合素质等。

How：即应该如何执行任务。如工作的具体流程有哪些、采用哪些方法、执行的标准和规范是什么等。

2）7W1H 法分析的主要内容。

工作关系：即执行人员与其他相关人员之间的关系，如从属关系、协作关系等。

工作职责：即每名执行人员执行任务时的权限和责任。

资格条件：即执行人员具备的各种与执行任务相关的条件。

工作环境：即执行人员执行任务时的物理环境和人文环境。物理环境包括工作地点的温度、噪声情况等；人文环境包括人际关系是否和谐、企业文化等。

评价标准：即用什么标准评判执行结果。

（3）工作循环——PDCA 循环法

工作就是一个不断循环的过程，每一份工作从开始到结束都遵循着一定的规律。在实际工作过程中，员工应该找到这一规律，在不断的总结和再总结中完善每一项工作。

PDCA 循环法是一种按照特定顺序进行循环工作的方法，可以帮助员工很好地找到并利用工作的规律。

PDCA 是四个英文首字母的缩写。

P（Plan）：计划，包括目标的确定以及工作计划的制订。

D（Do）：实施，即具体运作，实现计划中的内容。

C（Check）：检查，检查执行的结果，明确效果，找出问题。

A（Action）：标准化，对上一步检查的结果进行分析处理，对成功的经验加以标准化，对失败的教训加以总结。

1）PDCA 循环法的特点如下图所示。

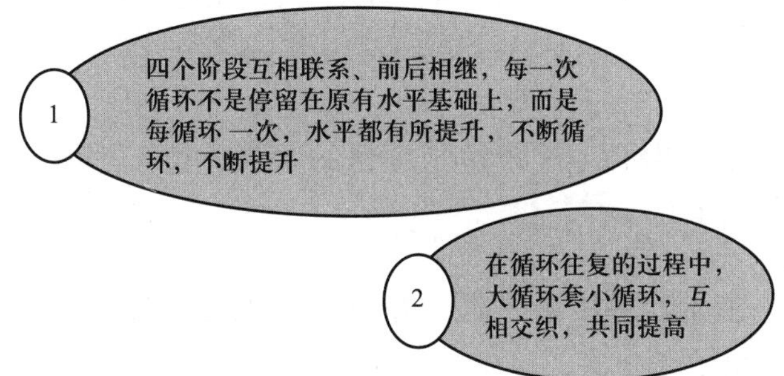

2）PDCA 循环法的实施步骤。

第 1 步：选择任务主题。主题是一项任务的切入点。在选择主题前要进行充分调研，保证任务主题具有可行性。

第 2 步：设定执行目标。任务主题明确后，要设定一个具体的执行目标。设定目标要有充分的依据，而且目标要清楚、明确，可以被衡量。

第 3 步：确定最佳方案。提出各种可以实现目标的方案，然后进行验证，最终确定最佳的实施方案。

第 4 步：制定对策。将实施方案具体化，列出执行过程中需要完成的具体事项及实施方法。

第 5 步：实施对策。将方案付诸行动，并对执行进程进行监控。

第 6 步：检查效果。执行活动结束后，对方案的有效性和目标完成的效果进行评价。

第 7 步：形成标准。对执行过程中被证明的有成效的措施进行标准化，制定成标准。

第 8 步：总结问题。对方案中效果不显著之处或执行过程中出现的问题进行总结。对于暂时无法解决的问题，可在下一循环中解决。

5.3.2 注重效率

效率是评价工作效果和工作能力的关键因素之一。在工作实践中，员工要想提升工作效率可以运用以下几种方法。

（1）思维导图法

思维导图法是一种十分简单但非常有效的方法，在创意联想与收集、项目企划、问题解决与分析、会议管理、时间管理等方面均能产生令人惊喜的效果。

1）解读思维导图。

①解读中心主题。中心主题表达了题目的含义，位于思维导图的中间，是思维导图中最明显、最大的图。

②解读主干。主干连接中心主题，并由中心主题向外做放射线状的延伸，代表内容的最大项或最大类。

③解读支干。支干连接在主干之后，用于补充说明主干的内容。

2）绘制思维导图。思维导图有如下图所示的三种形式，绘制思维导图时可结合使用场合和需求，选择自己喜欢的形式。

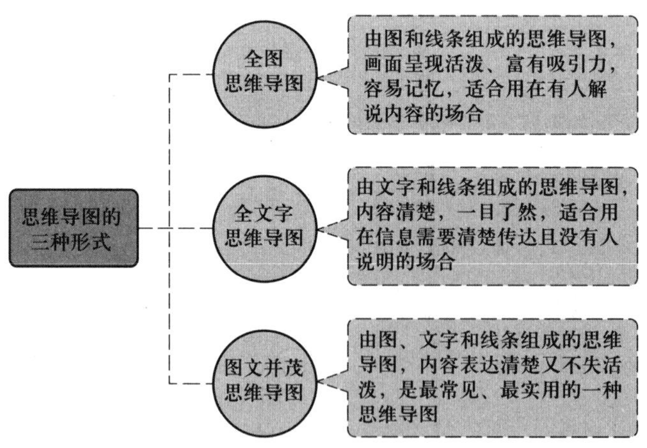

绘制思维导图可遵循以下步骤。

- 从一张白纸的中心开始画图，周围留出足够的空白。
- 在白纸的正中心写出或画出中心主题，即要实现的目标。

- 从中心开始向周围延伸，画出主干并标明关键字（或绘出图案）。
- 从主干延伸出分支线，标明关键字（或绘出图案）。
- 如要强调某一分支或关键字，可使用圈选、着色或加入符号、标记的方式。
- 检视整体架构，创造出丰富多变的特色。

绘制出的思维导图样式如下页图所示。

（2）简化法

简化法是提高工作效率的有效方法之一，也是减轻工作负担的有效手段之一。效能达人都是擅长简化工作的人。

简化法是从“舍弃”开始的。人们总认为扔掉是一种浪费，殊不知，正是这种想法可能会使原本简单的事情变得越来越复杂。丢掉压在身上的包袱，简化任务清单，是实施简化法的第一步。

将所有任务都添加到任务清单中，这份清单就会变得越来越长，你就不得不每天都疲倦地忙碌于完成各项任务中。但是，你永远不可能完成所有任务，因为任务总在不断地增加，因此，你要学会化繁为简，抓住重点，适当简化。

将任务列表简化到只剩下最重要的任务，就不需要那些复杂的计划体系了。简化后的任务清单更清晰，更具行动力，也更高效。

1）清除，再清除。花几分钟时间回顾你的任务清单，把那些不紧急的、不必要的、无聊的、重复的、浪费时间的任务删掉。

2）简化信息源。减少报刊、邮件等的订阅量，舍弃毫无价值的新闻，简化信息输入，从而简化输出。

3）减少承诺。在自己的任务未完成时，面对他人的请求，要学会说不，坦诚告知其原因。

4）每周回顾。每周花一点时间去回顾任务清单，再次清除那些不必要的任务，让工作变得高效。

5）让价值最大化。把精力放在完成那些重要任务上，它们能给你带来长时间的回报和长时间的幸福与满足感。

6）每天找出最重要的三件事。写下一天中最重要的三件事，完成一件划掉一

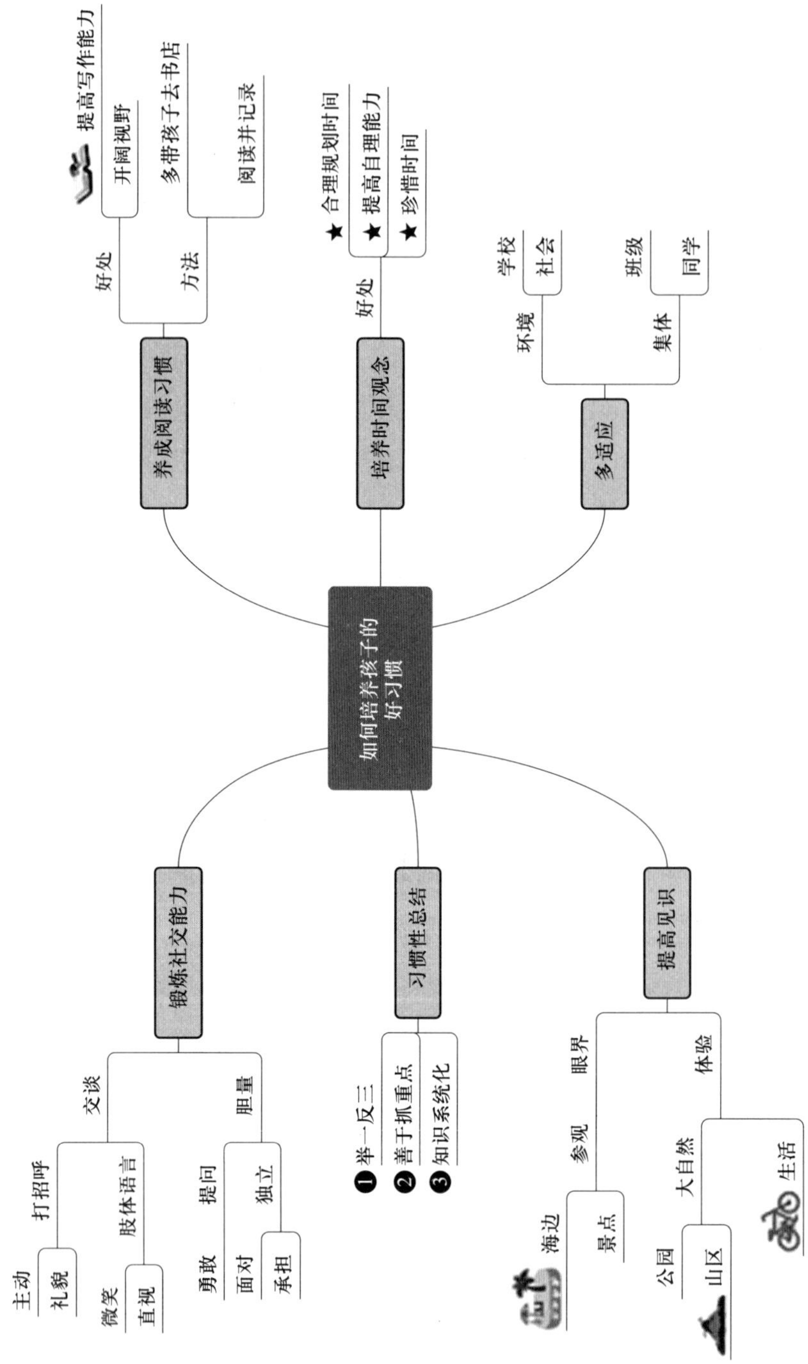

- 如何培养孩子的好习惯
  - 养成阅读习惯
    - 好处
      - 提高写作能力
      - 开阔视野
    - 方法
      - 多带孩子去书店
      - 阅读并记录
  - 培养时间观念
    - 好处
      - ★ 合理规划时间
      - ★ 提高自理能力
      - ★ 珍惜时间
  - 多适应
    - 环境
      - 学校
      - 社会
    - 集体
      - 班级
      - 同学
  - 锻炼社交能力
    - 交谈
      - 打招呼
        - 主动
        - 礼貌
      - 肢体语言
        - 微笑
        - 直视
    - 胆量
      - 提问
        - 勇敢
      - 独立
        - 面对
        - 承担
  - 习惯性总结
    - ❶ 举一反三
    - ❷ 善于抓重点
    - ❸ 知识系统化
  - 提高见识
    - 眼界
      - 参观
        - 海边
        - 景点
    - 体验
      - 大自然
        - 公园
        - 山区
      - 生活

思维导图样式示例

件。切记不要更多。

7）集中处理小事。把需要处理的小事列在一起，设定一个时间段，努力在这个时间段集中完成这些小事。

要提高工作效率，化繁为简固然有效，但一定要把握尺度，正如爱因斯坦所说，“一切都要尽可能地简单，但不要太简单”。

5.3.3 重视结果

执行要重视结果，对此，员工可以从以下几个角度进行理解。

（1）结果导向

结果是工作的第一要义。企业是用绩效和结果衡量个人价值的地方，员工要想获得更多的回报，就要为企业提供更多、更好的结果。

作为员工，你可能常常会听到领导说：“不要给我讲那么多的理由，我只要结果！请告诉我结果。”一名缺乏结果意识、不懂得追求结果的员工，很难出色地完成领导布置的任务。

要追求结果，首先要了解结果的性质。工作中的结果有三种性质，即时限性、明确性和价值性。

1）时限性是指工作要在限定的时间内完成。作为员工，你要清楚结果完成的最后期限，并在规定的时间内呈现结果。

2）明确性是指结果一定要清晰，可以让人看到。只有将结果呈现在领导、同事和客户眼前，他们才能知道你做了什么，才能对你进行考核和评价。

3）价值性是指结果一定是客户、领导或你自己想要的，是能够被人认可的。如果你呈现出来的结果缺少价值，那么无异于没有结果。

对结果负责，就是对工作负责。结果是员工绩效的根本所在。任何企业都非常看重员工的绩效，都会按照实际贡献的多少来评价一名员工。英特尔公司的价值观之一就是“以结果为导向”，员工总是将结果放在第一位，总是在想怎样才能比别人做得更快、更好，这种价值观也使他们的工作得到了社会的普遍认可。

（2）结果创造价值

在企业看来，能够做事情、出结果的员工才是好员工。如果你想成为一名负责任的好员工，就要经常问自己一句“你把结果带回来了吗”。

员工杰出的业绩是由许多结果汇聚而成的。不同的员工做同样的工作会呈现不同的结果。工作的结果体现出员工的素质和能力，也体现出员工的价值。

一名在工作中没有做出结果的员工只可能有苦劳，而没有功劳。只有专注于结果，最终才能得到想要的结果。

[案例]

有一天，一位作家和女儿一起浇花。女儿很快就浇完了，准备出去玩。作家叫住了她，说：“你看看爸爸浇的花和你浇的花有什么不一样？”

女儿看了看，觉得没有什么不一样。于是，作家将女儿浇的花和自己浇的花都连根拔起，女儿一看，脸就红了。原来爸爸浇的水能够浸透花根，而自己浇的水仅仅只够将表面的土淋湿。

作家语重心长地教育女儿，做事不能做表面功夫，一定要做彻底，做到“根”上。

工作同浇花一样，如果只是敷衍了事，不看结果，那么做了跟没做一样。面对一项工作，有的员工只是敷衍了事，有的员工却能够认真负责；有的员工只会呆板、机械地操作，有的员工却能创造性地发挥。他们之间的差距最终必然会体现在工作结果和工作价值上。

（3）从结果到认可

工作是一个实现结果的过程，完成了工作并不意味着做出了结果，按时上下班不是拿工资的理由，为企业提供结果才是获得报酬的根本。

员工进入企业，能够证明自己价值的就是结果。有的员工从来没有做出过结果，所以从来得不到领导的赏识；有些员工无论做什么工作都有完美的结果，所以很容易得到领导的认可和晋升的机会。

只有做出结果的员工才是好员工，只有做出完美结果的员工才是优秀员工。奔着结果去的员工会按照企业的工作标准来严格要求自己，并努力使结果最大化，从来不会用“完成工作”来敷衍自己的工作。这样的员工往往能够在工作过程中得到更多的锻炼和提高。

5.4 高效管理

5.4.1 时间管理

（1）浪费时间的原因

浪费时间的原因可归纳为下图所示的几个方面。

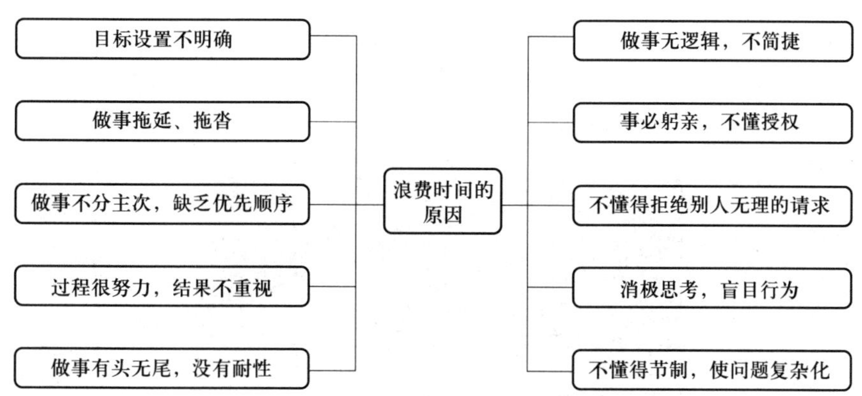

作为企业员工，要在有限的时间实现最大化的生产效能，就需要做好时间的管理，避免浪费时间。

（2）时间管理步骤

有效的时间管理可以从简单的计划开始，只要能够合理地安排时间，分清任务次序，系统地对任务时间进行安排和管理，就有可能获得较高的工作效率。时间管理一般有列举清单、优先排序、时间划分、列日程表、时间提炼 5 个步骤。

1）列举清单。即把所有需要完成的工作任务列出清单，厘清这些工作任务的原始状态和当前情况，以便对其进行优化管理。

2）优先排序。即将工作任务清单中所列的各项任务依据工作任务的重要性安排次序。同时，初步设计好完成这些任务的方法和措施。

3）时间划分。即运用时间管理的方法对各项工作任务的时间进行设计。

4）列日程表。即设计一张工作任务日程表的模板，然后将工作任务清单中的信息一次性填入日程表中。列日程表的主要目的是使时间管理更具流程化，保证工作任务顺利完成。

5）时间提炼。在时间管理的过程中，除了设计好工作任务与时间的有效搭配以及日程表外，还要在整体时间控制中注意对时间进行提炼。也就是说，尽可能提高工作效率，在工作过程中有效节省时间，并把节省出来的时间用于其他工作。

（3）时间管理方法

1）时间四象限法。时间四象限法是指根据重要性和紧急性两个维度将工作按性质划分为四个象限，然后将工作任务依其重要性和紧急性分配在如下图所示的四个象限内。

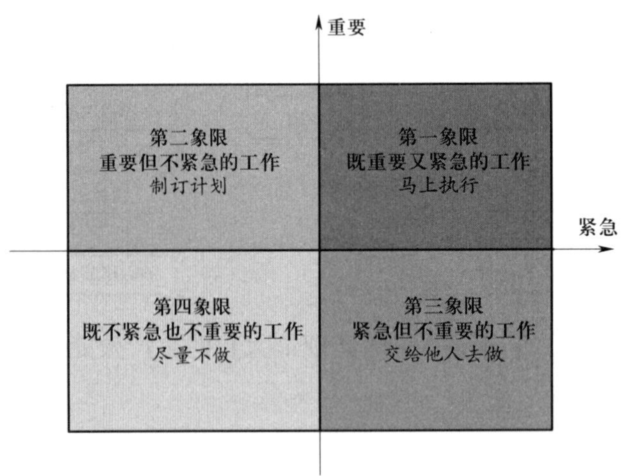

第一象限：既重要又紧急的工作。有些工作本身具有紧急性和重要性，需要马上执行。也有一些重要的工作本身并不紧急，但由于事先缺乏合理的时间安排，而转变为既紧急又重要的工作，需要马上执行。

第二象限：重要但不紧急的工作。对于这一象限内的工作，要制订好计划，虽然不紧急，但也不能置之不理，如果缺少合理的时间安排，就会使其被转移到第一象限。

第三象限：紧急但不重要的工作。对于这一象限内的工作，如无其他重要任务，需马上执行。此类工作不必花费过多的时间，可以适当授权交给别人去做。

第四象限：既不紧急又不重要的工作。不要在这类工作上浪费时间，如有可能，学会拒绝。

对于上述四象限的工作，所投放的时间和精力应该有所区别，具体如下图所示。

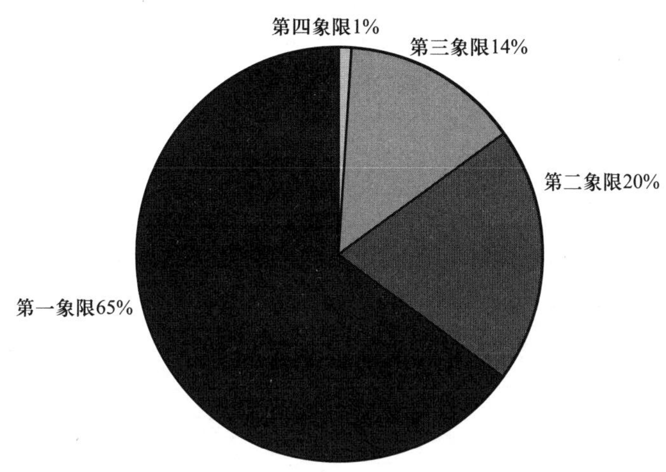

使用时间四象限法时应注意，每项工作任务都不一定固化于某个象限中，它们会不断地发生变化；对第一象限和第三象限内的工作要作出科学的分析和准确的判断，以免混淆。

2）见缝插针法。见缝插针法是一种平衡工作时间和休息时间的方法，它的重点在于管理工作过渡时间。

“缝”即过渡时间，是见缝插针法的核心。充分利用过渡时间会使接下来的工作更有效率。常见的过渡时间有上下班路途所花费的时间、午餐时间、下午茶时间等。

“针”就是在过渡时间可以思考和完成的工作任务，是见缝插针法的最终落脚点。

如果可以将“缝”和“针”两者结合，就能自如地找到工作时间和休息时间之间的平衡点，将自己调整到最佳的工作状态。所以，在很多时候并不是时间真的不够用，而是你没有学会“见缝插针”地去合理安排和利用时间。

见缝插针法的步骤如下图所示。

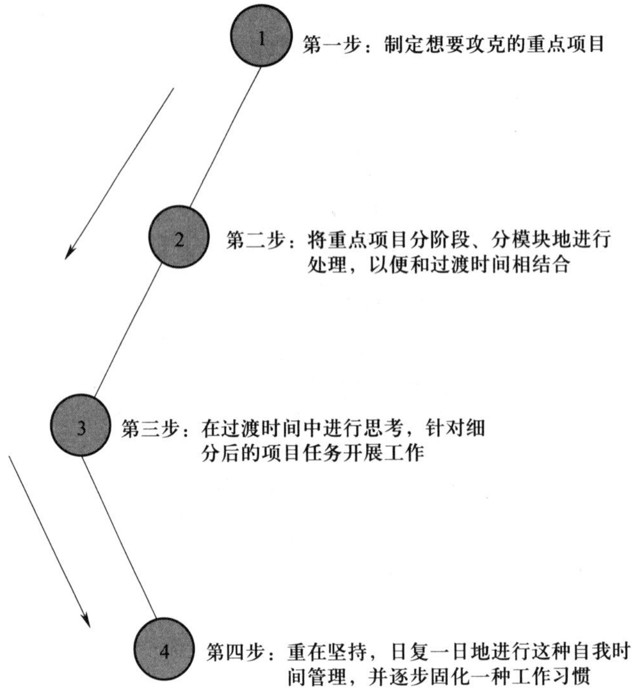

3）目标 ABC 分类法。制定目标有很多种方法，但制定时间管理目标有其独特的要求，即时间管理是有技巧的，依照 ABC 分类法制定时间管理目标，可以使时间管理更具全面性和现实性。

目标 ABC 分类法的运用原理：在最有价值的工作任务旁标上字母“A”，在一般价值的工作任务旁标上字母“B”，在价值最低的工作任务旁标上字母“C”。其中，A 代表“必须做的”，B 代表“应该做的”，C 代表“不值得做的”。

运用目标 ABC 分类法进行时间管理可以按照如下图所示的操作步骤进行。

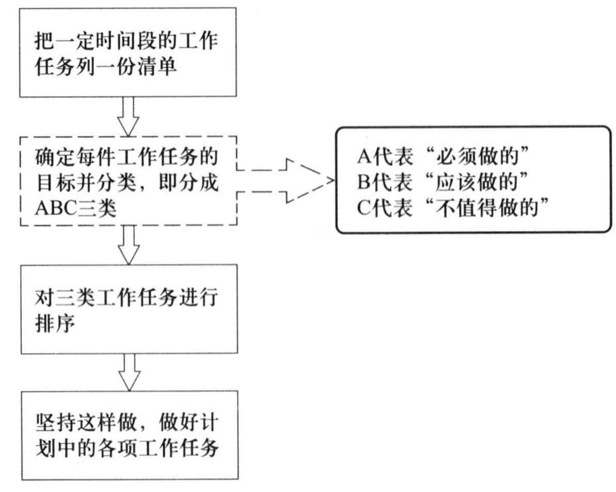

5.4.2 压力管理

压力是个体在面对自身认为较难应付的情况时所产生的一种应激状态。压力来源于很多方面，持续的压力可以对人造成极大的伤害，如失眠、头疼等，甚至会使人产生心理疾病，因此我们要学会压力管理。压力管理是指个人能够找出压力产生的原因，并运用一定的方法减轻压力。

（1）压力管理步骤

1）识别压力。压力是无形的，我们常常不能直接或明确感知它的存在，因此，正确识别我们自身的压力是进行有效压力管理的前提。压力主要有生理、情绪、精神和行为四种预警信号。

生理预警信号主要表现在 5 个方面，具体如下图所示。

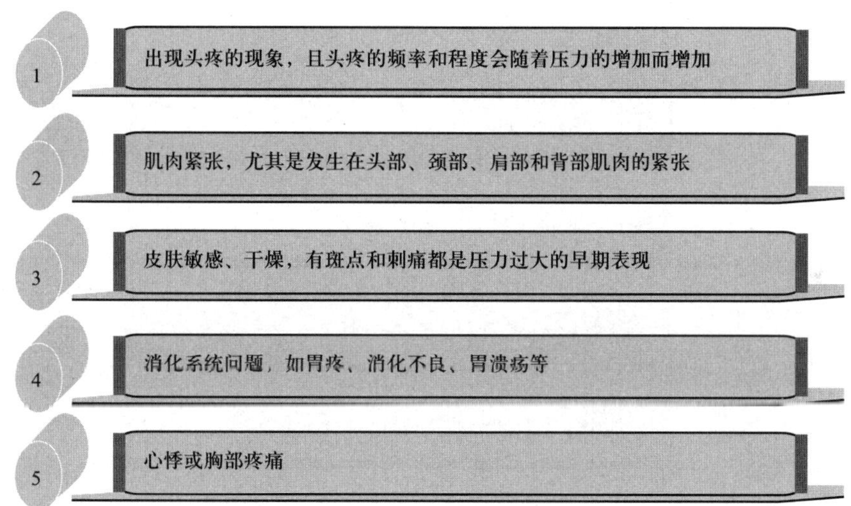

情绪预警信号主要表现在 5 个方面，具体如下图所示。

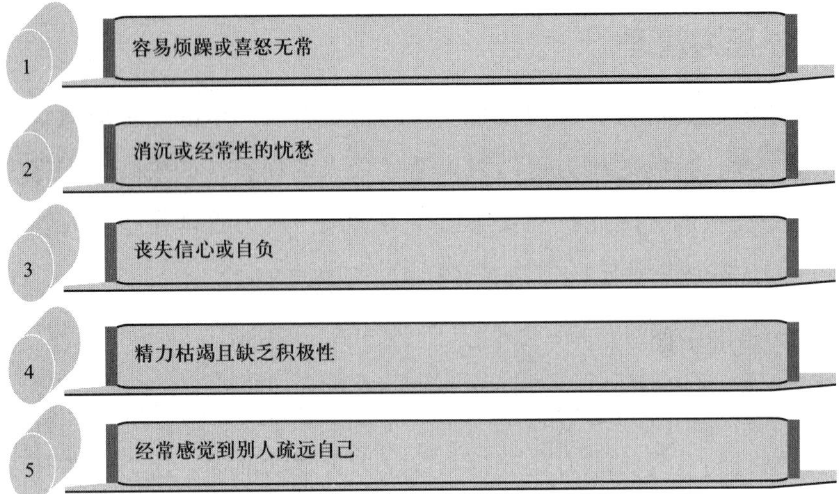

精神预警信号主要表现在 5 个方面，具体如下图所示。

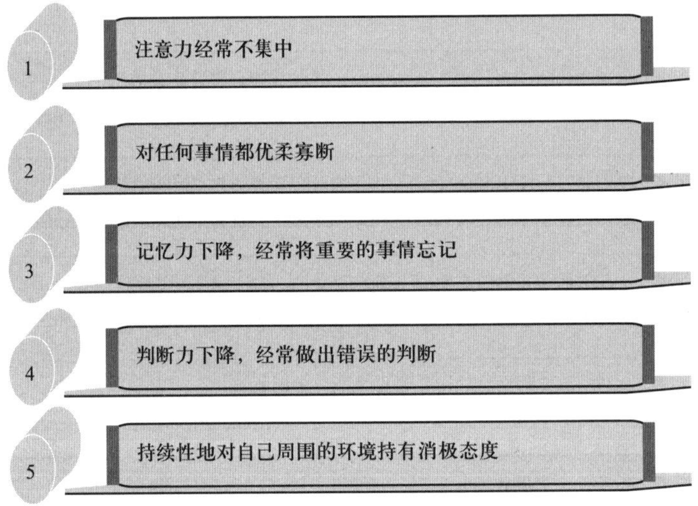

行为预警信号主要表现在 4 个方面，具体如下图所示。

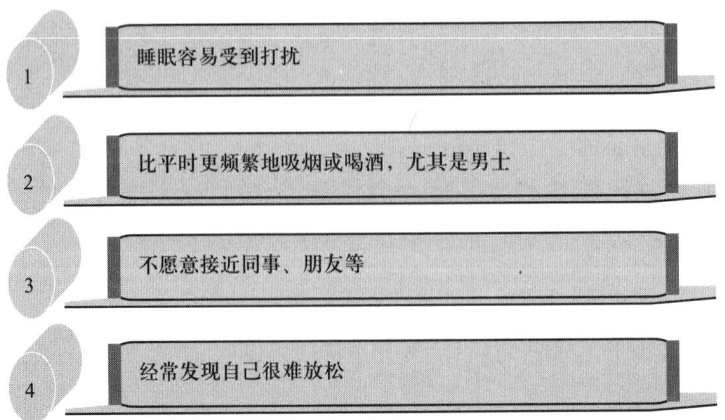

2）评估压力。并不是所有的压力都是有害的，适当的压力也是动力，可以提高自身的积极性，只有过度的压力才会对我们有害而无利。因此，只有过度的压力才需要管理。下面以工作压力为例，测试一下你的工作压力是否需要管理。

个人压力程度自测题

员工根据自己当前的工作情况，思考下面的描述与自身感受的符合程度。在相应的分数上打“√”，然后将这些打“√”的数字加起来，计算总分。

感受描述	符合程度（分数）				
	从不	很少	有时	经常	总是
1. 我的工作条件让人觉得不愉快，有时甚至有危险	1	2	3	4	5
2. 我觉得我的工作对我的身心健康有较大的负面影响	1	2	3	4	5
3. 我的工作有太多不合理的完成期限	1	2	3	4	5
4. 我觉得向我的上司说出自己对工作的意见和建议是一件比较困难的事情	1	2	3	4	5
5. 我觉得我的工作压力影响了我的个人生活和家庭生活	1	2	3	4	5
6. 对于我工作职责范围内的事情，我常感觉没有充分的自主权	1	2	3	4	5
7. 在我的工作中，好的业绩不一定能够得到恰如其分的认可和奖励	1	2	3	4	5
8. 在我的工作中，我常常不能充分发挥自己的技能和才干	1	2	3	4	5
总分					

压力测试分析结果标准如下。

1. 8~15 分：你的压力比较小。
2. 16~20 分：你的压力不大，但偶尔也会感到不舒服。
3. 21~25 分：中度压力，可能因工作中的部分内容感到很有压力，但是你还能够应付。
4. 26~30 分：严重压力，虽然你还能撑住，但有时真的不能应付。你可以向心理咨询师求助。
5. 31~40 分：危险，你应该寻求心理咨询师的帮助，或者考虑换工作。

3）排解压力。根据已经识别出的压力和压力的程度，运用压力管理方法排解个人压力。

（2）压力管理方法

1）正确思维减压法。正确的思维方式可以使我们迅速找到解决问题的方法，从而减小压力。错误的思维方式会增加我们的压力。因此，在实际工作中，我们需要具备正确的思维，摒弃错误的思维。常见的九种错误思维方式见下表。

常见的九种错误思维方式

序号	错误思维表现	错误思维分析	错误思维举例
1	妄下结论	对业务、自己、他人乃至整个社会片面下结论、做判断，容易以偏概全，从“门缝”里看人	小王在今天的会上又没有发言，这说明他对工作缺乏想法
2	妄加揣测	从别人行为中推测别人的想法或行动会对自己不利	今天我在楼道里碰到赵主管，他没有搭理我，肯定是我哪里得罪他了
3	相信运气	运用不充分甚至不相干的证据来预测最坏的结果	今天一出门乌鸦就呱呱叫，看来今天跟客户的谈判不会有太好的结果
4	夸大负面因素	性情比较悲观，用放大镜看负面因素，夸大困难，自我加压	老王这月绩效考核得了92分，他非常不高兴，不知道自己的8分扣在了哪里，越想越觉得焦虑、沮丧、自责
5	情绪化推理	凭自己的感觉和情绪评判事情和人物，看重自己	昨天部门会议上小张对我的发言说三道四，真是太可恶了，他一定是一个不可靠的人
6	虚伪和爱面子	看重自己在别人眼中的形象，待人处世讲究面子上过得去，将工作看作一种表演	天天骑着自行车上班，绝不能让下属看到，要不多没面子，显得自己没本事，连车都买不起
7	推卸责任，责怪别人	出现了问题，不是从自己身上找原因，而是一味地责怪别人	工作完不成不是我的错，谁让上级给配的人手不够呢
8	包揽责任，责怪自己	出现了问题，不是客观地明确责任，而是自己承担	那么优秀的下属都辞职了，看来我真是管不好下属啊
9	不考虑客观情况下绝对性的结论	分配任务、看待事情绝对化，一味强调“一定”“必须”等	我无法接受这个任务被拖延，哪怕只有一分钟都不行，月底之前必须完成

这些错误的思维方式会在无形中增加我们自身的压力，因此，我们要避免这些错误的思维方式，减少压力。下图所示为四种常用减压法。

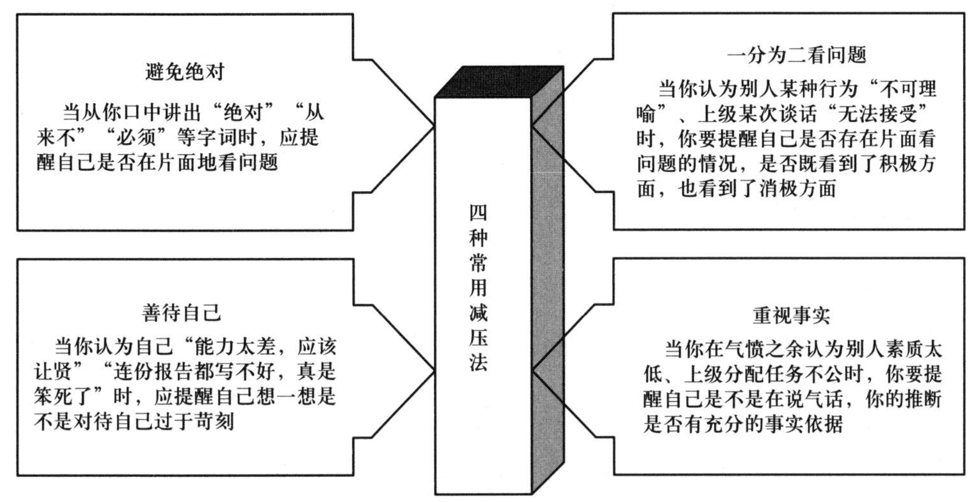

2）有效行动解压法。化解压力的具体行动如下。

①调整心态。放下包袱，轻装上阵，看轻结果，才能轻松做好过程。负重前行的人，眼光容易往下看；放下包袱前行的人，眼光则会往远处和高处看。面对不幸或困难时，对抱有积极心态的人而言，它是“垫脚石”；对抱有消极心态的人而言，它是“绊脚石”。

②寻求帮助。很多人认为，将自己的压力在同事、家人和朋友面前暴露出来，寻求帮助是一件没有面子的事，宁愿独自承担。这种骨气固然可贵，然而，在将同事、家人和朋友推到自己“压力圈”外的同时，你也堵住了自己化解压力的通道。我们需要明白，有些压力靠自己就能够化解，但是有些压力是无法靠自己的能力化解的，只能通过寻求别人的帮助来化解。

③提高能力。能力不足是我们产生压力的主要根源，提高能力也成为解决压力问题的关键所在。例如，面对压得喘不过气来的任务量时，可以通过时间管理的技巧来解决；面对关系不融洽的同事时，可以通过提高沟通能力来解决；面对急迫的报告编写要求时，可以通过提高书面表达能力来解决。

3）强健身体抗压法。携带压力的人往往易发怒、气色差、情绪不稳、状态不佳，久而久之，会造成身体的亚健康状态，最终导致身体受损。所以，我们要强身健体，有助于调节不良情绪，保持积极的精神状态，减少压力对身体的损害。

5.4.3 情绪管理

情绪管理是通过运用合理、有效的方式和方法了解自己的情绪，然后对自己的情绪进行控制、调节的过程。面对纷繁复杂的工作和高强度的压力时，管理好自己的情绪尤为重要，不但有益于身心健康，而且能提高自己的工作效率。常用的几种情绪管理方法如下。

（1）注意力转移法

注意力转移法就是将注意力从自己消极的情绪上转移到积极的情绪上的自我调节方法。

情绪不佳时，要将自己的注意力转移到让自己感兴趣的事情上，如听歌、逛街、看电影、找人聊天等，这样有助于快速使自己的情绪平静下来，在新的事情上寻找到快乐。

使用这种方法时，一方面中止了消极情绪的负面影响，防止消极情绪的泛化、蔓延；另一方面，通过做一些自己感兴趣的事情可以使自己产生积极的情绪。

（2）适度宣泄法

适度宣泄法就是通过适当的方式将自己压抑的不良情绪排遣、释放出去的自我调节方法。

过分压抑只会加重自身的情绪困扰，而适度宣泄则可以把自己压抑的不良情绪释放出来，使自己变得轻松。因此，当我们带有不良情绪时，最简单的办法就是宣泄。

适度宣泄的方法有很多，如在空旷处大喊、参加体育活动、痛哭一场等。

（3）综合调节法

综合调节法就是从生理、心理、思维等多种角度入手，调节自己情绪的自我调节方法。常用的五种综合调节法如下图所示。

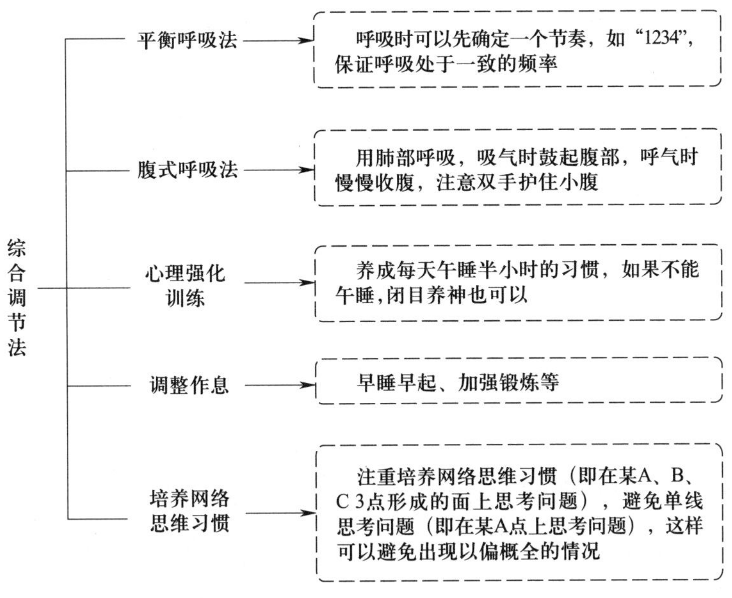

5.4.4 冲突管理

下面介绍的冲突管理主要是指员工通过积极、有效的方法避免或化解在职场中产生的冲突。

（1）面对冲突的态度

职场中产生冲突的原因是多方面的，最常见的主要有四个方面，即处事策略不同、沟通不良、个体差异和角色矛盾。不管是何原因产生的冲突，员工首先要用一个正确的态度来面对冲突，应做到如下几个方面。

1）冷静。冲突往往是突如其来的，尤其是激烈的冲突，这时要注意冷静，不能头脑发热而说错话、办错事。由不冷静导致的过激言行造成的影响，很可能会令你懊悔不已。

2）坦诚。缺乏沟通、信息不对称往往是产生冲突的最主要原因，而要解决这种冲突，需要用坦诚的态度积极沟通、对不对称的信息进行充分的交流。如果不够坦诚，只考虑自身利益，则很难进行良好的沟通，不利于从根本上解决冲突。

3）换位。即换位思考，换个角度去考虑冲突产生的原因，尤其是要多从对方的角度思考，体会对方的感受。新员工遇到冲突时要努力做到换位思考，并在平时有意识地培养自己的这种思维习惯。

4）宽容。冲突产生的原因可能很复杂，也许各方都有错，要处理好冲突，就需要有宽容的态度。宽容是指要善于原谅对方的错误，消除误解，尤其是对他人非原则性的错误，如语言过激等，要大度一些。这样既有利于解决冲突，也有利于保持自己的良好情绪。

（2）常用的冲突处理方法

1）合作。合作是指双方通过积极地解决问题来寻求互惠和共赢。通常，合作是首选的冲突处理方法，但只有在双方没有完全对立的利益且彼此有足够的信任时，合作才可以顺利开展。

2）回避。回避是指通过逃避问题情境的方法来平息冲突。这种方法虽然比较消极，但在应对无关紧要的问题时却是可以经常采用的，可以把问题“冷处理”，以防止冲突进一步激化。

3）竞争。这里的竞争是指据理力争，力图在冲突中占上风。这种冲突处理方法通常不是最佳解决方案，但是个别时候，当确信自己是正确的，且分歧需要在较短时间内解决时，则需要竞争。

4）迁就。迁就处理适合对方权力较大且问题对于自身并不是很重要时使用。作为新员工，迁就是一种有效处理职场冲突的方法。新员工初到企业，其他人要么是上司、要么是导师、要么是资历更老的同事，适当迁就他人，更有利于避免冲突。但需要注意的是，迁就其实并没有实际解决问题，如有必要，还需要利用合适时机寻求其他方法解决冲突。

5）妥协。这里所说的妥协是针对冲突双方而言的，即冲突双方都各退一步，找到解决冲突的中间位置。妥协方法比较适合难以共赢的情况。

处理职场冲突需要一些技巧。上述几种方法有时也需要综合运用。

【案例】

小唐和小周在同一间办公室工作，由于第二天办公室有重要活动，领导吩咐他们俩下班前把办公室卫生再仔细打扫一遍。快下班时，小唐认为办公室挺干净的，不用打扫了；而小周是一个很守规矩的人，认为既然是领导交办的工作就要执行，对小唐的说法不能认同。那么，要不要打扫办公室呢？小周该怎么处理这一冲突呢？

分析：小周使用迁就方法，自己把卫生打扫了是可以解决问题的，但却不是最好的问题解决方法。小周可以对小唐说：“你今天是不是有其他事情着急下班啊？没关系，我今天不着急下班，你先走吧，一会儿我自己来打扫就行了。不用谢我，以后我有事你也来帮我就行了。”小周的做法既坚持了原则，又化解了冲突，表面上看是他迁就了小唐，但其实他也与小唐寻求了另外的一种妥协和合作。

5.5 勇于创新

5.5.1 创新思维

创新思维是以新颖、独特、别出心裁的方法解决问题的思维过程。创新思维通常能突破常规思维的界限，运用超常规或反常规的方法和视角思考问题、解决问题，进而产生有一定意义的思维成果。

创新思维是人类最高级别、最复杂的精神活动之一。凭借创新思维，人类不断地认识世界和创造世界，形成了无数物质文明和精神文明成果。那么，员工应如何理解创新思维呢？

理解创新思维可以从了解创新思维的特征入手，见下表。

创新思维的特征

特征	说明
对传统的突破性	◎创新者突破原有的思维框架，排除以往的思维程序和模式对寻求新的设想的束缚，并对那些默认的假设、陈腐的观点和固化的模式提出挑战和质疑 ◎创新者突破思维定式，不再墨守成规
思路上的新颖性	◎表现为思路、思考上的首创性和开拓性，个体往往突破前人成果束缚并通过独立思考形成自己的观点和见解，从而产生崭新的思维成果
程序上的非逻辑性	◎创新思维的产生常常省略了逻辑推理的许多中间环节，具有跳跃性，并常常采用直觉思维的形式提出新观念、突破新问题，是从“逻辑的中断”到“思想的飞跃”
视角上的灵活性	◎视角随着条件的变化而转变，并能根据不同的对象和条件，灵活应用各种思维方式，摆脱思维定式的消极影响
内容上的综合性	◎创新思维是在总结前人思维成果的基础上得来的，谁能高度综合并利用前人的思维成果，谁就能取得更多的思维突破

创新思维的特征很好地体现出其自身的优势，员工要想激活自身的创新思维，还需要进一步了解创新思维的形式，通过在实践中灵活运用这些形式取得创新的丰硕成果。创新思维的八种形式见下表。

创新思维的八种形式

序号	形式	说　明
1	延伸式思维	◎借助已有的知识，沿袭他人、前人的思维逻辑去探求未知的知识，并将认识向前推移，从而丰富和完善原有的知识体系
2	扩展式思维	◎拓宽研究对象的范围，从而获取新知识，使认识扩展
3	联想式思维	◎对所观察到的某种现象与自己所要研究的对象加以联想思考，从而获得新知识
4	运用式思维	◎运用普遍性原理研究具体事物的本质和规律，从而获得新的认识
5	逆向式思维	◎否定原有结论或思维方式，运用反向思维方式进行探究，从而获得新的认识
6	幻想式思维	◎对在现有理论和物质条件下不可能成立的某些事实或结论进行幻想，从而推动人们获取新的认识
7	奇异式思维	◎对事物进行超越常规的思考，从而获得新知识
8	综合式思维	◎在认识事物的过程中，将以上几种思维形式中的某几种或全部思维形式加以综合运用，从而获取新知识

5.5.2　创新能力

创新能力是指运用知识和相关理论，在科学、艺术、技术和各种实践活动领域中不断提供具有经济价值、社会价值及生态价值等的新思想、新理论、新方法和新发明的能力。创新能力与一般能力的区别主要在于创新能力的新颖性和独创性。

一般来说，创新能力是个体思维能力和社会实践能力的综合体现，由知识经验、智能因素和非智力因素组成。其中，知识经验是创新能力的前提和基础；智能因素是创造活动的操作系统；非智力因素虽然不直接介入创造活动，但却是创新能力的动力系统，对整个创造活动起着重要作用。

（1）知识经验

一般知识经验为创新能力提供着广泛的背景，而那些特殊领域的专业知识、创造学知识则直接影响创新能力层次的高低，并在很大程度上决定着个体的认知能力和解决实际问题能力的质量。如果没有知识经验，个体是不会创造出成果的。

（2）智能因素

智能因素主要包含三种能力，即一般智慧、创造性思维能力和特殊智能，具体见下表。

智能因素的三种能力

能力	说　明
一般智慧	◎人们检索、处理以及运用信息对事物做简洁、概括反应的能力，如观察力、注意力、记忆力、行动力等
创造性思维能力	◎人们在进行创造性思维活动时的心理活动水平，是创新能力的实质和核心，主要包括发散思维能力和形象思维能力
特殊智能	◎人们在某种专业活动中表现出来的、保证专业活动获得高效率的能力，如音乐能力、绘画能力、体育能力、操作能力等

（3）非智力因素

非智力因素包含三种因素，即创新意识、创新精神和创新技能，如下图所示。

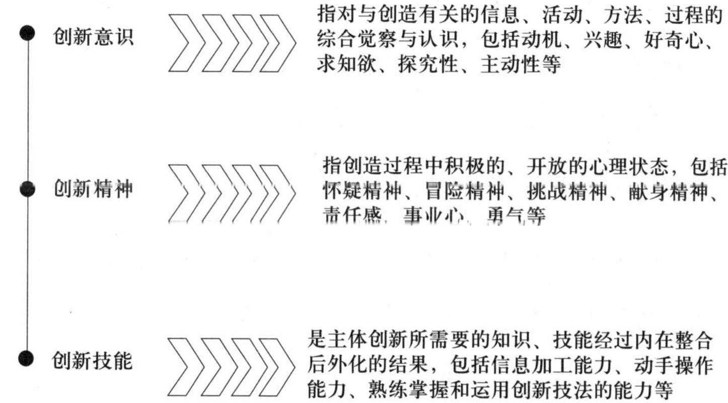

5.5.3　创新方法

（1）奥斯本智力激励法

奥斯本智力激励法由美国人奥斯本创立，该方法的核心是组织一场10人左右的会议，会议期间各与会人员就会议议题畅所欲言、各抒己见，形成各种方案和设想，然后由决策者对这些方案和设想进行综合分析，形成问题解决对策。使用奥斯本智力激励法的基本原则如下图所示。

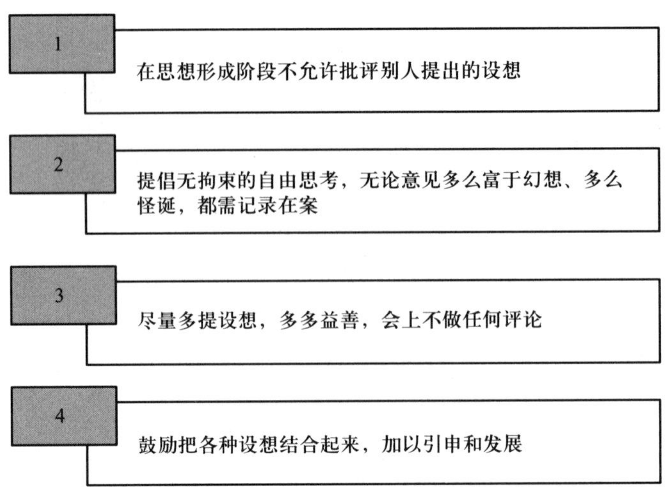

还需要注意的是，运用奥斯本智力激励法时，参加会议的人员数量一般不超过 10 人，且会议的讨论时间应控制在 20 ~ 30 分钟，与会人员不可私下交换有关会议议题的任何意见、看法等。

（2）默写式智力激励法

默写式智力激励法是德国学者鲁尔巴赫在对奥斯本智力激励法进行改造的基础上创立的，其原理与奥斯本智力激励法相同，只是形式由畅谈变成了填写卡片。

该方法一般只允许 6 人参加会议，每人每轮在卡片上写出 3 个设想，每轮会议历时 5 分钟，因此，该方法又被称为“635 法”。

默写式智力激励法实施步骤如下。

步骤 1：根据会议议题选择合适的会议主持人和会议参加者。将 6 个与会人员安排在一张圆形会议桌前，并为每人发放一张画有 6 个大格、18 个小格的卡片。

步骤 2：主持人向与会人员公布会议主题，并随时解答与会人员提出的疑问。

步骤 3：会议开始。在第一个 5 分钟内，主持人要组织与会人员在自己面前的卡片上的第一个大格内写出 3 个设想，每一个设想写在一个小格内，设想的表述应尽量简明。

步骤 4：第一个 5 分钟结束后，主持人组织与会人员按顺时针或逆时针方向传递自己面前的卡片。在第二个 5 分钟内，主持人组织与会人员在参考他人设想的基础上在自己面前的卡片上填写 3 个新设想。依次类推，共进行 6 轮会议，最终产生 108 个设想。

步骤 5：会议结束后，主持人对会上产生的 108 个设想进行整理、分类，并按照一定的评判标准筛选出有价值的设想。

相对于奥斯本智力激励法，默写式智力激励法从源头上避免了与会人员受到他人意见的影响，但该方法的弊端在于，与会人员在会议期间只能自己看、自己想，对创新思维能力的激励不够充分。

（3）三菱式智力激励法

日本三菱树脂公司采用对设想进行评价和集中的方法来启发与会人员的创新思维能力，摒弃了奥斯本智力激励法中严禁批判的原则。该方法要求与会人员预先将与主题有关的设想分别写在纸上，然后轮流提出自己的设想，现场接受提问或批评，接着主持人以图解方式进行归纳，最后由与会人员讨论。这种方法被称为三菱式智力激励法，又称 MBS 法。

三菱式智力激励法实施步骤如下。

步骤 1：会议准备。会议组织人员做好会场布置工作，并在会议桌上摆放会议所需的纸笔及其他文件等。

步骤 2：提出主题。会议主持人向所有与会人员宣布会议主题及会议规则，并随时解答与会人员提出的疑问等。

步骤 3：会议主持人组织与会人员将自己与会议主题有关的设想写在各自面前的纸上，设想数量通常为 1～5 个，书写时间为 10 分钟。

步骤 4：会议主持人组织各与会人员轮流阐述自己的设想，并记下每人的设想，其他人也可以根据宣读者提出的设想填写新的设想。

步骤 5：将设想写成正式提案。待所有与会人员阐述完自己的设想后，会议主持人组织各与会人员将自己的设想写成正式的提案，并将每个人的提案用图解的方式写在黑板上，然后让与会人员进一步讨论，以便获得最佳方案。

（4）德尔菲法

德尔菲法又名专家意见法，是一种依据系统程序组成一定数量的专家团就某一议题发表匿名意见，然后经过多轮调查，确定最终意见的培养创新思维能力的方法。德尔菲法实施步骤见下表。

德尔菲法实施步骤

步骤	说　明
1. 组成专家组	◎按照议题所需要的知识范围确定专家。专家人数可根据预测议题的大小和涉及范围的大小而定，通常情况下为5～10人，最多不超过20人
2. 填写第一轮调查表	◎会议组织者发给每位专家的第一轮调查表是开放式的（无限制，以免漏掉一些重要事件），要求专家只提出预测问题，并附上有关这个问题的所有背景材料，请专家围绕预测主题提出预测事件
3. 汇总整理调查表	◎会议组织者要对专家填好的调查表进行汇总整理，归并同类事件，排除次要事件，用准确术语提出一个预测事件一览表，作为第二轮调查表
4. 填写第二轮调查表	◎会议组织者将第二轮调查表发给各位专家，让专家比较自己同他人的不同意见，修改自己的意见和判断 ◎会议组织者收到第二轮专家意见后，要对专家意见做统计处理，整理出第三轮调查表
5. 填写第三轮调查表	◎会议组织者将第三轮调查表发给各位专家，组织专家根据反馈意见对自己的看法或意见进行修正，并逐轮收集意见作为专家反馈信息，直到专家不再改变自己的意见为止 ◎向专家反馈意见时，会议组织者应只给出各种意见，不说明发表意见的专家姓名。这一过程重复进行，直到每位专家不再改变自己的意见为止
6. 汇总专家意见	◎对专家的意见进行综合处理，汇总成基本一致的看法，作为预测的结果

需要注意的是，使用德尔菲法培养创新思维能力时，各位专家之间不得互相讨论，只能与会议组织者发生调查关系。此外，专家可以借用表格、直观图或文字叙述等形式来表现预测结果。

（5）和田十二法

和田十二法是我国上海创新教育工作者许立言、张福奎在奥斯本检核表的基础上，借用其基本原理加以创造而成的。该方法因只涉及12个动词，在上海市闸北区和田路小学首先使用，故被称为和田十二法。该方法要求人们在观察和认识事物时可以考虑：加一加、减一减、扩一扩、变一变、改一改、缩一缩、联一联、学一学、代一代、搬一搬、反一反、定一定。具体说明见下表。

和田十二法的内容

内容	说　明
加一加	◎即在已有的东西上添加些什么，或把这件东西与其他东西组合在一起会有什么结果，或把这件东西加长、加大、加高、加宽会怎么样
减一减	◎即将原有物品减少、减短、减窄、减轻、减薄……设想能变成什么新的东西，或将原有操作减慢、减时、减次……会有什么效果
扩一扩	◎即将原有物品放大、扩展，会有什么变化
变一变	◎即改变原有物品的形状、尺寸、颜色、味道、浓度、密度、顺序等，形成新的物品
改一改	◎即从现有的事物入手，发现该事物的不足，如不安全、不方便、不美观的地方，然后针对这些不足寻找有效的改进措施，从而创新。改一改就是不断发现缺点、克服缺点、精益求精的过程
缩一缩	◎即把原有物品的体积缩小、缩短，变成新的东西，如生活中常见的折叠伞、折叠桌椅、折叠沙发等
联一联	◎即把某一事物和另一事物联系起来，看看能产生什么新的事物。这种联系起来的分析方法经常能使人发现一些新的现象和原理
学一学	◎即学习模仿别的物品的原理、形状、结构、颜色、性能、规格等，以求创新。学一学不是照搬，而是从现象中寻找规律性，在学习模仿中不断改进和创造
代一代	◎即用其他事物或方法来代替现有的事物或方法。许多事物尽管使用领域不一样，使用方式也不同，但都能完成同一种功能，因此可以替代
搬一搬	◎即把这种事物、设想、技术搬到别处会产生什么新的事物、设想和技术
反一反	◎即将某一事物的形态、性质、功能以及正反、里外、前后、左右、上下、横竖等加以颠倒，从而产生新的事物
定一定	◎即制定一些规定和规则，只有有了这些规定和规则，我们的行为才能准确而有序

创新思维能力的培养是一项系统工程，这一工程需要企业各方及员工个人多方面的努力和配合。

在工作中，企业和导师应充分尊重员工的个性发展与创造精神，营造良好的企业创新环境和创新氛围，构建合理的课程体系，并增加专门的创新课程，要改进培训方法、转变培养模式，把过去以“导师单方面传授知识”为主的教学方式转变为“启发员工自主学习知识”的教学方式，加强实践训练。

作为员工，则要通过培养自己的自我学习能力、信息处理能力、非智力因素及磨炼个人逆商来实现个人创新思维能力的可持续发展。具体说明见下表。

员工提升个人创新思维能力的途径

途径	说明
培养自我学习能力	◎员工只有能够主动自我学习，才能知道怎样学习、怎样研究以及怎样创新 ◎员工应在开放的学习环境中对自我学习能力进行培养，以畅通知识的获取途径
培养信息处理能力	◎对信息技术的应用能力、查询能力，以及对信息加工处理及消化、吸收、利用并创造新信息的能力，是信息处理能力的关键部分，直接影响员工个体知识创新、技术创新的能力
培养非智力因素	◎非智力因素一般包括兴趣、情感、意志、性格等，这一因素不是生而有之的，而是在后天的生活及学习中养成的，员工要根据客观规律有目的地培养个人的兴趣、情感、意志、性格等，并保持开放的状态
磨炼个人逆商	◎逆商是指人们面对逆境时的反应方式，体现的是人们面对挫折、摆脱困境和超越困难的能力。员工应从自己的兴趣、需求、性格及气质入手，依据外部提供的客观条件和学习途径去主动了解逆商的相关知识，并且要辩证地看待困境与失败，克服逆境行为的不良反应，调整自己的心态，使自己在逆境面前越挫越勇，使自己的人格更趋完善

即学即用

1. 分析你正在完成的工作任务或即将完成的工作任务，完成以下练习。

工作任务描述：________________

（1）利用分解树法对该工作任务目标进行分解。

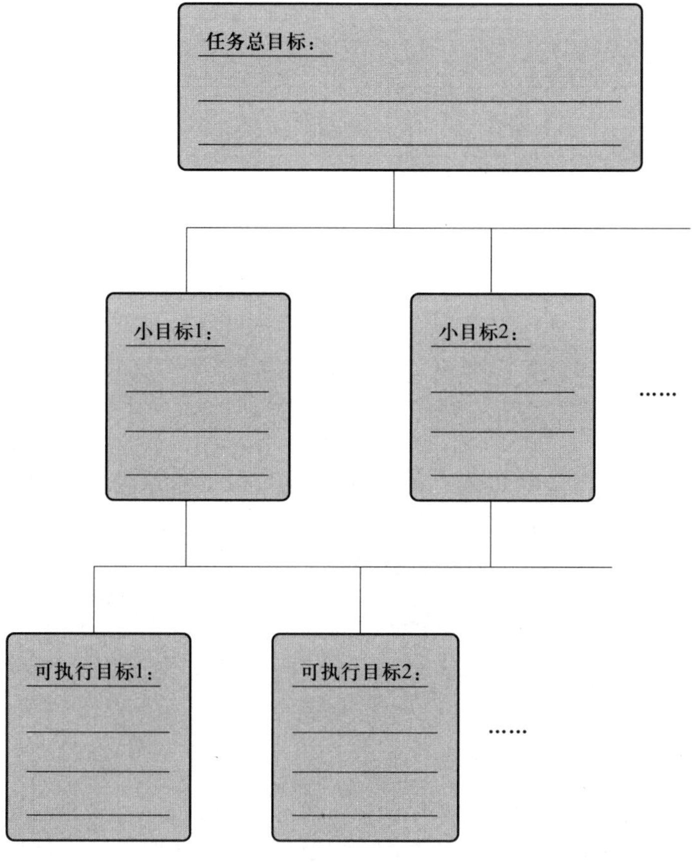

注：如需要，可另附页。

（2）利用7W1H法对该工作任务进行分析。

Who：________________

____

What：________________

____

Whom：________________

____

Why：________________

____

When: ______________________________

____

Where: ______________________________

____

What qualifications: ______________________________

____

How: ______________________________

____

2. 结合所学内容，绘制有关“员工应具备的职业素养”的思维导图。

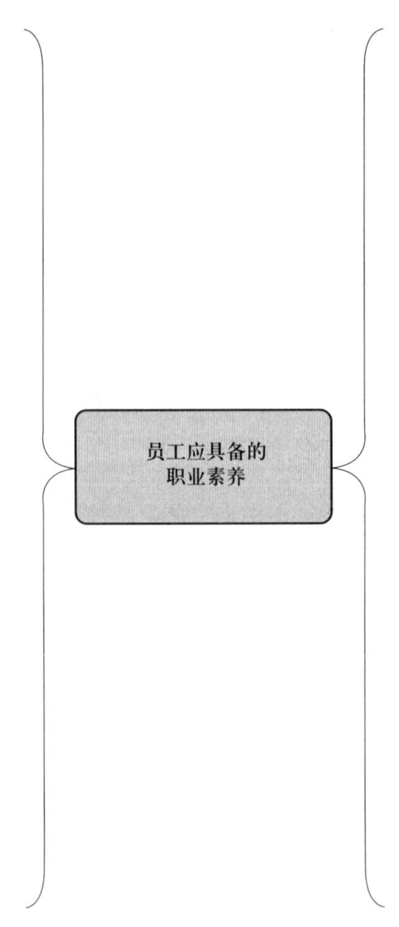

说明：你可以根据你对于职业素养内涵以及如何提升个人职业素养等的理解来完善该思维导图的内容，内容越丰富越好。绘制时需注意内容之间的逻辑关系。如需要，可另附页。

3. 完成下面的“倾听习惯测试”，根据你自己的情况做出判断。

题目	选项
1. 我常常试图同时听几个人的交谈	A. 是　B. 否
2. 我喜欢别人只提供事实，让我自己做出解释	A. 是　B. 否
3. 我有时会假装自己在认真听别人说话	A. 是　B. 否
4. 我认为自己不是非言语沟通方面的好手	A. 是　B. 否
5. 我常常在别人说话之前就知道他要说什么	A. 是　B. 否
6. 如果我对交谈不感兴趣，常常会通过注意力不集中的方式结束谈话	A. 是　B. 否
7. 我常常用点头、皱眉等方式让对方了解我对他所说内容的感受	A. 是　B. 否
8. 我常常在别人刚说完时就紧接着谈自己的看法	A. 是　B. 否
9. 别人说话的同时，我会评价他的内容	A. 是　B. 否
10. 别人说话的时候，我常常在思考接下来我要说的内容	A. 是　B. 否
11. 说话人的谈话风格常常影响我对内容的倾听	A. 是　B. 否
12. 为了弄清对方所说的内容，我通常不会采取提问的方法，而是直接进行猜测	A. 是　B. 否
13. 我通常不会为了了解对方的观点而花费很多时间	A. 是　B. 否
14. 我常常听到自己希望听到的内容，而不是别人表达的内容	A. 是　B. 否
15. 当我和别人意见不一致时，很少有人会认为我理解了他们的观点和想法	A. 是　B. 否

说明：上述各题，选择“是”得 0 分，选择“否”得 7 分，加总后为最后得分。得分为 91 ~ 105 分，表明有良好的倾听习惯；得分为 77 ~ 90 分，表明还有很大程度可以提高；得分低于 76 分，表明不是一个好的倾听者，在此技巧上要多下功夫。

4. 汇总当前工作中遇到的各类问题，向导师或其他同事请教，认真倾听并准确把握导师或其他同事的指导要点，制订个人工作改进计划。

工作中遇到的问题	导师或其他同事指导要点	改进计划

注：如需要，可另附页。

5. 现在把你手头的工作整理一下，列出最近要完成的工作，用在本章学到的“时间四象限法”把这些工作列入相应的象限中。

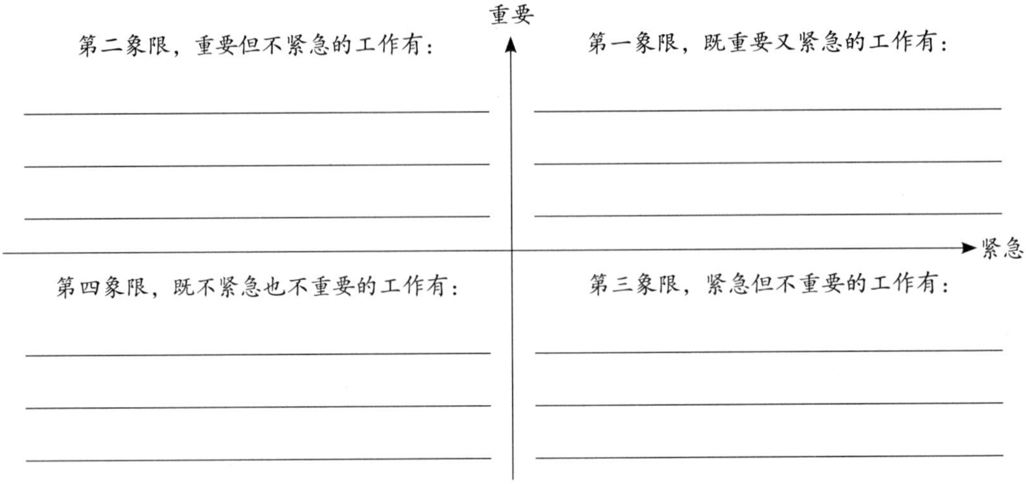

重要

第二象限，重要但不紧急的工作有：

____

____

____

第一象限，既重要又紧急的工作有：

____

____

____

紧急

第四象限，既不紧急也不重要的工作有：

____

____

____

第三象限，紧急但不重要的工作有：

____

____

____

6. 对照所学的“常见的九大错误思维方式”分析一下自己是否存在这些错误的思维方式，给自己造成了压力，并思考该用什么办法给自己减压。

序号	错误思维表现	错误思维分析并举例	减压方法
1	妄下结论		
2	妄加揣测		
3	相信运气		
4	夸大负面因素		
5	情绪化推理		
6	虚伪和爱面子		
7	推卸责任，责怪别人		
8	包揽责任，责怪自己		
9	不考虑客观情况下绝对性的结论		

职业习惯

6.1 端 正 态 度

6.1.1 转变不良态度

员工的职业习惯能够充分反映出这名员工的职业素养，而态度则是体现职业习惯的一个重要方面。态度是员工经过较长时间的工作形成的一种综合的心理行为模式。

（1）工作态度测试

很多时候员工对自己的工作态度不甚了解，通过工作态度测试，可以帮助员工正确判断自己的工作态度。具体测试内容如下。

个人工作态度自测题

根据自己的工作实际对以下 12 道测试题进行作答：非常符合的计 5 分，比较符合的计 4 分，不确定的计 3 分，不太符合的计 2 分，很不符合的计 1 分。

1. 你在工作中的精神状态很振奋。

2. 你拥有一个明确的目标并为之奋斗。

3. 你非常重视工作中的用具、设备等资源。

4. 你致力于营造愉快、和谐的工作氛围。

5. 你为自己制订了详细的计划，并且按照计划逐一实施。

6. 你关注工作中的细节问题，并且善于发现和解决细节问题。

7. 与同事相比，你认为你在工作中的表现非常好。

8. 你能专注于一项工作，直到把这项工作做完。

9. 你非常认同所在组织的文化和价值观。

10. 你能够超出领导的期望，主动去完成一些事情。

11. 你从不迟到和早退，有时为了尽早完成工作还不计报酬地加班。

12. 你具有强烈的危机感，总是督促自己不断学习。

自测分数说明：

如果分数在 45 分以上，说明工作态度良好，请继续保持。

如果分数为 26～44 分，说明工作态度一般，需要加把劲儿。

如果分数在 25 分以下，说明工作态度较差，需要及时改进。

（2）常见的不良工作态度

员工个人对自己的工作态度有了基本的认识后，可以对照自己的工作表现，找到需要改进的方面。

如下图所示的八大不良工作态度，员工要高度重视，引以为戒。

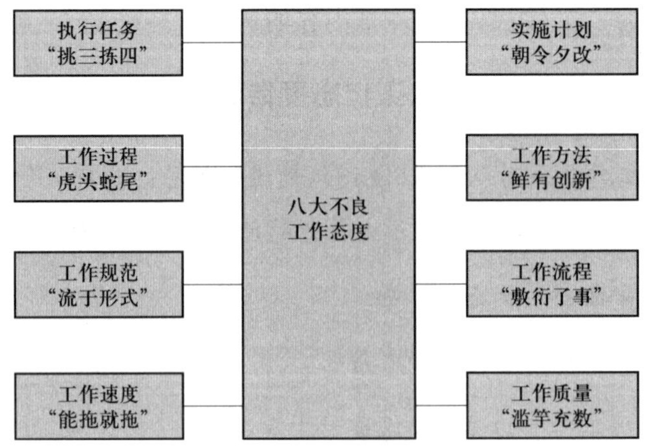

正确的态度是工作成功的基石。当别人犹豫不决时，你要具有坚定的态度；当别人斤斤计较时，你要具有豁达的态度；当别人惊慌失措时，你要具有镇定的态度……通常，对工作抱什么样的态度，就会出现什么样的结果。

【案例】

一名刚到公司报到的新员工问一名老员工："咱们公司的经营状况如何？"

老员工反问道："你原来工作的单位如何？"

新员工回答："糟透了，我很讨厌那家单位！"

老员工接着说："那你在这里也不会干很久的，这里也糟透了！"

后来公司里又来了一名新员工，他问了这名老员工同样的问题，老员工也做了同样的反问。这名新员工回答："我以前工作的单位非常舒心，虽然我已经离开了，但我仍然会怀念我在那里的日子！"

老员工回答道："这里也一样舒心，你会喜欢这里的！"

旁听者觉得诧异，问老员工为什么前后说法不一致呢？老员工说："你要寻找什么，你就会找到什么！"后来，那个说"糟透了"的员工没多久就离开了这家公司，而那个说"舒心"的员工却在公司里步步高升，一直做到了高层位置。

（3）端正自己的工作态度

正确的态度能够成就完美的执行。员工要想端正工作态度，可以从以下五个方面做出转变，并使之成为习惯。

转变 1：不在工作中找借口。

作为员工，在工作中难免会遇到各种难题或工作失误，这个时候要首先思考如何解决问题或者改正错误，而不是忙于为自己的失误找借口。借口就是推卸责任，员工不能养成找借口的习惯。

转变 2：主动承担工作任务。

被动的员工通常一味地等待机会的垂青，主动的员工则会积极地寻找机会，主动承担工作任务。

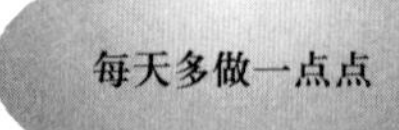

主动向领导要工作

提高工作的“含金量”

转变 3：让工作不再是工作。

心在一艺，其艺必精；心在一职，其职必举。

员工不能仅仅把工作看成是“养家糊口”的工具，而要把工作当作“实现自我”的事业来经营。员工要找到点燃自己工作激情的有效途径，并在平淡的执行工作中时刻保持这种激情。

转变 4：比别人做得更好。

态度坚定一点，成就胜人一筹。

在这个强手如云的年代，勤奋已经是人所共有的工作态度。员工在工作中要认认真真，努力干好每一件事，不怕吃苦，踏实工作，努力让自己的工作效率和效果始终比他人领先一步。

转变 5：注重工作的细节。

老子曾说：“天下大事，必作于细。”《韩非子》中曾言：“千丈之堤，以蝼蚁之穴溃；百尺之室，以突隙之烟焚。”千里之堤因为蝼蚁的洞而溃决；百尺高的房屋因为烟囱裂缝中的火苗而焚毁。工作中一定要重视细节的力量，再微小的事如果不注意也可能会酿成大祸。

经济学上有一则“马蹄铁效应”，意思是：断了一枚钉子，掉了一只蹄铁；掉了一只蹄铁，折了一匹战马；折了一匹战马，摔死了一位将军；摔死了一位将军，吃了一场败仗；吃了一场败仗，亡了一个国家。这告诉人们，细节决定成败。

［案例］

美国东部时间 1986 年 1 月 28 日上午 11 时 39 分，“挑战者”号航天飞机在升空约 1 分 12 秒后突然爆炸，机上 7 名宇航员全部罹难。这是美国宇航史上最严重的一次事故，是美国 56 次载人宇宙飞行活动中，发生在空间的第一次大灾难。

这次灾难性事故导致美国的航天飞机飞行计划被冻结了 32 个月之久。在此期间，美国总统里根委派罗杰斯委员会对该事故进行调查。经过长时间的调查，最终认定这次事故的直接原因是燃料助推器中一个很小的O形圈在低温下失效导致燃料泄漏引发爆炸。零件制造商没有对零件进行严格的环境适应测试，工程人员在安装时没有及时发现O形圈的缺陷，发射现场工作人员没有针对当天的天气状况进行可靠性的检测，最终导致了7名宇航员遇难、价值12亿美元的“挑战者”号航天飞机爆炸解体。

在航天领域，类似的空难并不是个例。1967年4月24日，苏联宇航员科马洛夫一人驾驶着“联盟一号”宇宙飞船返航。当飞船返回大气层后，科马洛夫无论怎么操作也无法打开降落伞以减慢飞船的飞行速度，最终在着陆基地附近坠毁，宇航员科马洛夫遇难。在中学语文教材中有一篇题为《悲壮的两小时》的课文，讲的正是这次事故。课文中写道：“‘联盟一号’今天发生的一切，就因为地面检查时忽略了一个小数点。这场悲剧，也可以叫作对一个小数点的疏忽。同学们记住它吧！”

6.1.2 培养积极态度

（1）善于从内心认可自己

对于一名员工来说，要想取得更大的成就，获得自信是第一步，也是最重要的一步。而要想获得自信，首先是要能够从内心认可自己。

1）不要小看自己。自卑是一种消极的自我评价和自我认知，它像一个摄像机的镜头，让人放大自己的缺点，缩小自己的优点。很多员工做事畏首畏尾，不相信自己能把别人做不好、做不到的工作做出色，因此总是使自己和他人保持一致，害怕表明自己的观点，放弃自己的见解和信念，最终埋没了自己的天赋，抑制了自己潜能的发挥。

克服自卑感的第一步就是要接受自己、认可自己，不要小看自己。只要对自己的工作充满热情，摒弃消极态度，相信自己能够将工作做到最好，并为之努力，就一定能够在自己所在的领域内取得优秀的业绩。

[案例]

周明过去很自卑，他似乎永远也“直不起腰”，和别人说话时不敢正视他们的眼睛，声音小得只有他自己听得见。然而再自卑的人也会渴望成功，周明不想被

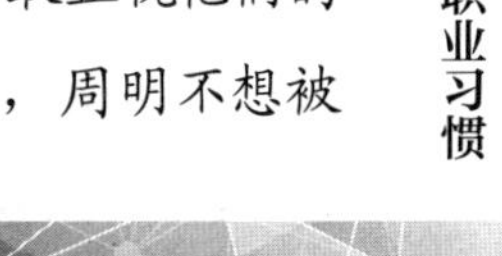

人歧视，他的内心深处总有一个想要冲破压抑的声音：我什么时候才能体会到成功的滋味呢？

一次户外实践的机会改变了周明。这一天，老师带领全班同学来到一家食品加工厂体验生活。厂里主要做一种水果罐头，但因为没有专用的清洗设备，每天都要靠工人用手清洗收回来的成千上万个罐头瓶。老师把周明一班人带到清洗车间，宣布开展刷瓶子竞赛，看谁刷得最多。周明觉得这个比赛很有意思，兴奋又急切的他在学会了所有的清洗工序后开始认真地刷起来。

周明刷得非常认真，一整天都没有停下来，当许多同学都嫌这个活儿太累而放慢速度的时候，周明干得更加起劲儿。比赛结束时，他刷了 100 多个瓶子，是所有同学里面刷得最多的。老师宣布周明是第一名，这让他十分自豪。这次小小的成功给了周明自信，也就是从那天起，他知道无论干什么事情，只要肯干，就一定可以干好。从此他抛掉了以前的自卑，开始了全新的生活。

文中的周明就是发明了中日文机器翻译软件的人，他现在是微软亚洲研究院首席研究员，拥有众多重要的科研成果，被公认为是计算机自然语言处理领域中最有才华的科学家之一。

小时候的那件事虽已过去多年，但周明还是记忆犹新。他回忆时感慨地说："我原来一直是没有自信的，但是这件事给了我自信。我发现了天才的全部秘密其实只有 6 个字——不要小看自己。"

员工认认真真、满怀热情地去工作，就能做出一番不错的成绩，而突出的工作成果能够让员工认可自己的能力，摆脱自卑的心理，获得足够的自信。自信能够帮助员工在以后的工作中取得更大的成功。

员工如果意欲摆脱自卑的枷锁，就要通过多学、多干来陶冶自己的情操，充实自身的知识和经验，相信并保证自己"确实能做到"。

2）正确认识自己。资源放错了地方就是废物，同样，天才选择了错误的定位就有可能变成庸才。每个积极上进的人都渴望自己有所作为，但是如果选择了错误的定位，那么不论他如何努力都很难走出失败的怪圈。客观、清楚地认识自己，在工作中找到适合自己做的工作，做正确的事并能正确地做事，一定能够获得成功。

［案例］

张帆在某名牌大学修完MBA课程后就被一家国有大型企业聘用了。他聪明过人，深得老板赏识，工作不满三年就升为策划总监。

在这个职位上，张帆做得游刃有余。作为老板智囊团的核心成员，他帮公司出谋划策，相继做了好几个大的策划案，为扩大公司在国内和国际市场的影响力立下了汗马功劳。业内人士一提起他的名字都佩服有加，说他是企业不可多得的人才。

在稍有成绩之后，他决定自己开公司、当老板。

听说张帆自己开公司，许多以前的客户和他在商业圈里结交的朋友都很支持他，认为他一定会有更大的作为。他雄心勃勃地要大干一场。可天有不测风云，张帆连做了几笔生意，都是只赔不赚，两年后公司资不抵债，连员工的工资都没有着落，只能申请破产。

张帆认为自己很有能力，公司破产只不过是运气不好罢了。两年后他又注册了一家贸易公司，决定东山再起。然而，这次公司经营不到两年又以破产告终。

两次创业失败后，张帆受到了严重的打击，开始自暴自弃。他的一位从事人力资源工作的同学对他做了全面的职业分析，认为他是一位得力的干将，但不适合做企业的领袖。

张帆终于有些释然，从古至今，有很多名人并不是帝王，而是通过辅佐明君而功成名就、流芳百世。张帆了解自己没有领袖资质后决定回归职场，从零做起。几年后他又成为一家大集团公司的副总。

张帆最终认清了自己，从而改变了自己的人生态度，找准了自己的职业定位。这种态度上的转变，也使他取得了职场上的成功。

如果一个人给自己设定一个脱离实际的标准，如“我应该如此”“我应该像×××一样”等，就会失去平和的心态。这种心理失衡会导致他丧失自我，陷入失败、妒忌甚至自卑的泥淖中不可自拔。作为员工，要学会正视自己，冷静地给自己一个准确的定位，这样才能及时调整人生航向，去争取“赢”的机遇和时间。

失之东隅，收之桑榆。成功的路径不止一条，不要循规蹈矩，更不要放弃成功的信心，正确认识自己，找到自己的路，勇往直前地走下去，就能到达理想的彼岸。

3）始终相信自己。人与人之间只有很小的差异，但是这种很小的差异却造成了巨大的差距。心态积极的员工，在工作中总能看到自己的长处，把握住自信，不断发掘自己的潜能，将工作做到精益求精；而心态消极的员工，遇事总有避让心理，不相信自己能做好，结果往往一事无成。

［案例］

有一位女歌手，第一次登台演出时，内心十分紧张。想到自己马上就要上场，面对上千名观众，她的手心直冒汗：要是在舞台上一紧张，忘了歌词怎么办？她越想，心跳得越快，甚至想打退堂鼓。

就在这时，一位前辈笑着走过来，随手将一个纸卷塞到她的手里，轻声说道："这里面写着你要唱的歌词，如果你在台上忘了词，就打开看看。"她握着这个纸卷，就像握着一根救命稻草，匆匆上了台。也许是因为有那个纸卷握在手里，她的心里踏实了许多，在台上发挥得相当好，完全没有失常。

她高兴地走下舞台，向那位前辈致谢。前辈却笑着说："是你自己战胜了自己。其实，我给你的是一张白纸，上面根本没有写什么歌词！"她展开手里的纸卷，果然上面一个字都没有。她感到惊讶。

"你手握的这张白纸并不是一张白纸，而是你的自信啊！"前辈说。

在以后的人生路上，她紧紧握住自信，战胜了一个又一个困难，取得了一次又一次成功。

在工作中，自信的员工相信自己的能力，敢于尝试更多的新工作，勇于挑战新的问题，因而他们能够使自己的能力和才华得到更充分的发挥和提升。

其实，即使一个人真的缺乏应有的自信，也可以选择从自己最擅长的小事入手，通过不断积累的成功效应，来逐渐增强自己的自信。

（2）为自己设定一个目标

1）目标明确。人生最可怕的敌人，就是没有明确的目标。一个人如果没有清晰的目标，就会失去前进的动力，就如同走路没有方向，永远到达不了想要去的地方。

谁拥有了长期与清晰的目标，谁就有可能取得更大的成就。一份来自专业机构的调查显示，世界上只有3%的人有清晰且长远的目标，10%的人目标清晰但短暂，60%的人目标非常模糊，27%的人根本没有目标。事实证明，在那些目标清晰且长远的人中，很多成了社会各界的成功人士，而那些根本没有目标的人则一直碌碌无为。

那么，目标在工作中究竟起着怎样的作用呢？下面的案例似乎给了我们最好的答案。

［案例］

有人做过一个实验：组织三组人，让他们分别沿着不同的小路向10公里以外的三个村庄步行前进。

第一组的人不知道村庄的名字，也不知道路程有多远，只知道要跟着向导走。刚走了两三公里就有人叫苦，走了一半时有人几乎愤怒了，他们抱怨为什么要走这么远，何时才能走到，有人甚至坐在路边不愿走了，越往后走他们的情绪越低落。

第二组的人知道村庄的名字和路程，但路边没有里程碑，他们只能凭经验估计时间和距离。走到一半的时候大多数人想知道他们已经走了多远，比较有经验的人说："大概走了一半的路程。"于是大家又簇拥着向前走，当走到全程的3/4时，大家情绪低落，觉得疲惫不堪，而剩余的路程似乎还很长，当有人说"快到了"时，大家又振作起来加快了步伐。

第三组的人不仅知道村庄的名字和路程，而且路上每隔一公里就有一块里程碑，人们边走边看里程碑，每缩短一公里大家便有一小阵的快乐。行程中他们用歌声和笑声来消除疲劳，情绪一直很高涨，结果他们很快就到达了目的地。

第一组的人没有目标，他们不知道目的地，也不知道要走的路程，感觉很难到达目的地；第二组的人有目标但不清晰，中途易产生沮丧心理，影响行动；最后一组的人有着清晰的目标，并把大目标分解为各个小目标，每完成一个小目标就受到一定的激励，所以很快到达目的地。这个案例告诉我们：目标是人奋斗进取的动力源泉，要想获得成功，就必须确定一个清晰可见的目标，有了明确的目标，才会使自己的行动更有计划性和针对性，并能随时检查自己的工作是否偏离了轨道。

2）为目标设时限。一个没有完成时限的目标是毫无意义的，只有在确定了完成时限之后，目标才有了存在的价值。如果目标没有设时限，很可能造成无限期拖延，人们会找种种借口和理由为自己未完成目标推脱，不是“本来今天可以完成的，但临时有事，所以耽搁了”，就是“如果不是被采购部抽走了几个人，我们的任务早就完成了”，这样一来，什么时候才能完成任务永远都是个未知数。拖延会让目标失去其本身存在的价值。

猎豹是众所周知的捕猎高手，它之所以有如此好的捕猎成绩，主要有两点原因：一是它在每次捕猎前会锁定一个清晰的捕猎对象；二是它为每次捕猎都设定了一定的时间限制，如果在时限内不能成功捕猎，它就会主动放弃。

其实，事业有成的人或者工作业绩突出的人，都是目标管理做得好的人，他们会给自己完成的目标设时限，从而使自己的工作更有效率。

一家企业如果没有为实现目标设定时限，很可能造成员工无限期拖延之风的蔓延和整个企业业绩的降低；一个人如果没有为实现目标设定时限，所谓的目标就只能成为摆设，任务的完成很可能遥遥无期。

3）分解目标。如果目标太大或者太远，会使行动失去动力，这时就需要适当地分解目标，让人看到希望。

对一个人来说，目标就像一座山，山顶就是最终的宏伟目标，下面的每一层都是为实现上一层较大目标而要达到的较小目标。制定的阶段性目标和为达到目标而做的每一件事都必须指向最终的目标。

［案例］

高铁时代，动车组列车飞驰的背后凝聚了无数人的辛勤与智慧。上海铁路局芜湖北焊轨基地副主任、高级工程师朱林荣就是一名高铁安全的“焊卫者”，他用35 年时光铸造着高质量的长钢轨，为列车的平稳运行保驾护航。

朱林荣，1980 年就读于苏州铁路技术学校企业供电专业，1982 年进入上海铁路局成为工务工人。一次外出学习的机会让他了解到国外先进的焊轨技术，从那时起，朱林荣就下定决心，要创新工艺，优化设备，达到并超越国外的技术水平。于是，从见习生、安全员、技术员，再到助理工程师、工程师、高级工程师，他把每一个岗位都做到最好，每一步都在向着更高的目标奋进。在技术改进中，技校毕业的他觉得专业理论水平不够用，于是他先是在上海轻工业专科学校夜大学习电气自动化专业，2001 年又在上海第二工业大学完成了电气自动化专业的本科学习。

多年来，他主持或参与的科研项目多次获得原铁道部、上海铁路局、上海市科技成果奖，他提出的合理化建议多次获得上海铁路局合理化建议奖。“创新的一大步都来自简单的每一小步”，朱林荣说。

实现远大目标的过程就像跑马拉松，很多人可能会因为路程太远而不能坚持下去。所以，应该对目标进行分解，把大目标分成几个小的目标和阶段来完成，这样每完成一个小目标便会带给人更多的动力。在不断完成小目标的同时，离大目标也会越来越近，并最终得以实现。

（3）把握住今天才是最好的

1）把握今天，抛开昨天的负担。人在工作或生活中会经常经历失败与成功。但昨天的失败已经不可改变，昨天的辉煌也已经成为历史，这些昨天的东西如果还遗留在心中，就会成为未来成功的负担。抛开昨天的负担，让昨天的一切都永远留在昨天，是把握今天、迈向明天辉煌的第一步。

一个人只有抛开昨天的负担，才会在面对失败、迷茫、愁闷时找到平衡点，找回自己的人生坐标。有时，“抛开”甚至比“拥有”更重要，面对失败要抛开颓废和懦弱，面对成功要抛开光环和骄傲，面对困境要抛开烦恼和忧郁，面对今天要抛开昨天的负担。

作为企业员工，必须抛开昨天的负担，让自己保持“空杯”的心态，这样才能实现自我超越，走向下一个成功的驿站。

2）把握今天，一切都是最好的。人的一生很短暂，只有昨天、今天和明天。昨天已经过去，明天还没有来到，只有今天属于自己。昨天若有不足，今天尚可弥补；明天有何目标，今天也可谋划。

有些人总是感叹自己的命运有多么不幸，其实人的命运掌握在自己手中，能够把握好今天的人是不会发出这样的感叹的。因为对他来说，今天的一切都是最好的。

时间对每个人都是公平的，每个人的一天都仅仅拥有 24 个小时。能够有效把握今天的人都是时间管理的高手，他们会把每一分钟都用来产生价值，如会在上班的路上买份报纸，浏览一天的新闻，获取对工作有价值的信息；会在中午吃饭的时候和同事进行交流以开阔自己的思路；会在回家的途中在心里总结一天的工作；会在晚上休息之前做好明天的工作计划。他们的每一天都比别人更有效率，更有成绩，在短暂的一天中创造出比别人多出几倍的价值。

明天的前途取决于今天的努力。作为员工，如果你能够认真对待今天设定的目标，合理安排自己的时间，把全部精力投入到今天的工作中，认真做好今天应该做的每一件事情，那么何愁技能不能日臻精益、工作不能步步高升呢?

今天的一切都是最好的，善待今天、把握今天的人，前途才会一片光明。

3）把握今天，无须为明天担忧。为成功做好准备的唯一方法，就是集中所有的智慧和热忱把今天的工作做得尽善尽美。卡耐基说：“我所了解有关人性的最可悲的事情之一，是我们全都有担心未来的倾向，同时又梦想着远方某个神奇的玫瑰园，却不知享受今天盛开在我们窗外的玫瑰。”

卡耐基精辟地剖析了为什么很多人事业无法取得成功的原因：他们总是幻想未来或者为未来担心，就是不肯俯下身子关注今天。工作中有些人不是对未来忧心忡忡，就是幻想将来自己也能做到高高在上的位置，拿别人不可企及的高薪。然而，他们就是不肯关注自己现在的状态，不肯把精力投入到现在的工作中，把今天的事情做好。

【案例】

有个小和尚，每天早上负责清扫寺院里的落叶。清晨起床扫落叶实在是一件苦差事，尤其在秋冬之际，每一次起风时，树叶总是随风飞舞。

每天早上小和尚都要花费许多时间才能清扫完落叶，这让他头痛不已。他一直想找个好办法让自己轻松些。后来有个和尚跟他说：“你在明天打扫之前先用力摇树，把落叶全都摇下来，后天就可以不用扫落叶了。”小和尚觉得这是个好办法，于是，第二天，他起了个大早，使劲地摇树，他想这样就可以把今天和明天的落叶一次清扫干净了。

这一整天里小和尚都非常开心。第三天，小和尚到院子里一看，不禁傻眼了。院子里如往日一样仍是满地落叶。这时有个老和尚走了过来，看到一脸沮丧的小和尚便问他有什么烦恼之事。小和尚把事情原原本本地和老和尚说了一遍。听完小和尚的话，老和尚语重心长地对小和尚说："傻孩子，无论你今天怎么用力，明天的落叶还是会飘下来。"

小和尚终于明白了，世上有很多事是无法提前的，唯有认真地活在当下，才是最真实的人生态度。

今天有今天的落叶，明天有明天的落叶，明天的落叶不会在今天掉下来，所以不要过多地为明天担忧。把握住今天也必然能把握住未来。

6.2 提高效能

6.2.1 又好又快

效能可以通过两个维度来展现，即效益和效率，人们通常所说的"高效能"实际上就是"又好又快"，即在相同或更短的时间里完成比其他人更多的任务，而且还能保证质量，使得效益远超业界平均水平。

对工作而言，高效能是工作成果输出的重要前提；对个人而言，高效能代表着员工个人超强的综合能力。

做高效能员工是员工和企业都希望实现的结果，但如何才能做到呢?

关注以下五个方面，并努力做到位，可以有效提升自己的工作效能。

（1）筹划

面对难题，筹划务求周密、全面；在正式行动之前务求准备充分，做好团队内部的分工；有较长的准备周期，把执行战略、开展业务过程中可能遇到的各种情况分析透彻并做好预案。所谓谋定而后动，若筹划不周密，在之后的行动中就会十分被动，工作效能也会随之被打折扣。

（2）规范

工作有思路、有计划、有流程、有制度、有反馈、有指导、有奖惩，各个环节务必做到规范化，这样在执行过程中就会事半功倍。

（3）质量

虽然工作时间有要求，但员工还是要始终追求高质量，让每个阶段的工作推进都能够满足预定的要求，不因为工作时间的紧张而降低对质量的要求和控制。

（4）迅速

面对工作任务，要迅速行动，在限定时间内满足工作要求，毫不拖延，争取做到“日事日毕，日清日高”。

（5）激情

对于团队而言要想实现高效能工作，团队成员必须建立一种和谐的工作关系，使大家在工作中充满激情和快乐。一支快乐的、充满激情的团队才是一支高效能、有战斗力的团队。

团队如此，个人亦然。这种精神状态是高效能的重要前提，员工要善于调整自己的情绪，让自己处于充满激情的状态中，实现高效能工作。

6.2.2 专精一行

（1）专一行，精一行

具备精业精神的员工是企业成功的关键，也是当今企业选择人才的主要标准之一。法国著名服装设计师皮尔·卡丹曾对他的员工说：“如果你能真正地钉好一枚纽扣，这比你缝出一件粗制的衣服更有价值。”“钉好一枚纽扣”就是力求做到最好，就是精业。

【案例】

一把焊枪，能在眼镜架上“引线绣花”，能在紫铜锅炉里“修补缝纫”，也能给大型装备“把脉问诊”，在“七一勋章”获得者、湖南华菱湘潭钢铁有限公司焊接顾问艾爱国的眼里，不管什么材质的焊接件、不论多么复杂的工艺，都基本没有拿不下的活儿。

在所有焊接中，大型铜构件焊接难度最大。因为需要在超过 700 ℃高温下，在几分钟的时间窗口内，精准找到点位连续施焊，稍不留神就会前功尽弃。面对技术、意志力的多重考验，凭借精业精神，艾爱国将旁人望而却步的事情变成了自己的绝活。

因为精业而成功的例子还有很多。中铁二局二公司隧道爆破高级技师彭祥华，能在岩层间做到精准爆破，误差控制远小于规定的最小值；金川集团铜业有限公司贵金属冶炼分厂提纯班班长潘从明数十年如一日专注于铂族贵金属高效提炼技术，通过特定试剂溶解含稀有贵金属的矿渣，能从其溶液的颜色中迅速判断铜、铁等杂质含量……小到一枚螺丝钉、一根电缆的打磨，大到飞机、高铁等大国重器的锻造，都展现出工匠们笃实专注、严谨执着的匠心。

精业是社会发展的客观需要。在经济全球化进程不断加快的今天，各个行业都要求专业化、技术化、现代化，各行各业对人才的要求越来越高，精业的员工自然成为各大企业猎取的对象。而对于员工来说，谁更精业，谁就拥有更多的机会。

无论从事什么行业，若想在该行业中站稳脚跟、做出一番成就，就必须具备精湛的专业技能，并且还要以精益求精的态度不断提高自己的专业技能。

［案例］

小张开始只是某汽车公司一家制造厂的杂工，然而，他在不到30岁时就成为公司最年轻的总领班。在公司里，这么快就能升到这个职位是非常不容易的。他是凭借什么取得这样的成绩呢？

20岁时，小张进入工厂。他想，如果自己想在汽车制造这一行业做出一番成绩，首先必须对汽车制造的全部过程有深刻的了解和认识。因此，他主动要求从最基层的杂工做起。

在公司里，杂工不属于正式工人，也没有固定的工作场所，哪里有活儿就要到哪里去。正因如此，小张有了更多与各部门接触的机会，加深了他对各部门工作的了解和认识。

一年半以后，小张申请调到汽车椅垫部工作。不久，他就把制作椅垫的技术全学会了。然后他又相继申请调到了点焊部、车身部、喷漆部、车床部等部门。就这样，在不到三年的时间里，他几乎把公司各个部门的工作都做过了。

最后，他又申请到装配线上去工作。由于有了在其他部门工作的经历，他懂得各种零件的制造情形，也能分辨零件的优劣，大大提高了他的装配效率。不久，他就成了装配线上最出色的员工。

很快，小张就晋升为领班，后来又逐步晋升为15位领班的总领班。

古人云“业精于勤，荒于嬉”，拙靠勤补，精从勤来。只要踏踏实实地学习，勤勤恳恳地工作，不断更新知识、提高技能、增长才干，精业就可以水到渠成。

作为员工，唯有精业、精业、再精业，让每一天都成为你的代表作，才能在工作中潇洒自如。

（2）练到极致，就是绝招

海尔集团首席执行官张瑞敏说：“把简单的事情做好就是不简单，把平凡的事情做好就是不平凡，把简单和平凡的事情做到极致就会创造出奇迹。”

实际上，把简单的工作做到极致就是精业，把简单的技能练到极致就是绝招。一个人精通某项技艺，哪怕是一项十分简单的技艺，只要他做得比所有人都好，他就能获得赞赏。

员工要想精通一行，首先要树立“没有不重要的工作”的理念，然后想尽办法提高自己的技能。

把简单的技能练到极致，需要的是认真；把简单的工作做到极致，需要的也是认真。认真是做事必备的品质，是事业成功的前提和保证。要想做成事，没有认真精神是不行的；反过来，有了认真精神，也就相应地会有对工作高度负责、一丝不苟、精益求精的态度和作风，才能够把事情办成、办好。

【案例】

空军航空兵某旅探伤技师窦树军从事飞机探伤16年，对战机心脏发动机“把脉问诊”7 500余架次，发现12起重大故障隐患。16年的坚持与守候让窦树军成长为一名探伤领域的顶级专家。

探伤专业是机务领域的小专业，小得非常不起眼，小得没有人愿意去干。但很多时候，探伤专业又显得那么大，大到关乎战机的飞行安全，关乎飞行员的生命安全。

“绝不能让一条细小的裂纹害了一个国家！”这是窦树军经常说的一句话。为了把工作做好，腾出时间学习，窦树军给自己定下了三条“窦氏军规”：少睡、少玩、少看电视。

2005年8月，窦树军用超声波探伤仪对7号战机的发动机进行“B超”检查。

检查中，窦树军发现，该发动机一级压缩器一块叶片榫头部位的波形有微小差异。最后，他得出结论：榫头内部可能有隐形裂纹。

闻讯赶来的上级专家否定了窦树军的结论，认为飞机可以正常飞行。可倔强的窦树军拒绝在放飞单上签字。

由于窦树军的坚持，发动机最后被送到北京某研究所“会诊”，得出的结论让专家们倒吸了一口冷气：榫头因疲劳使用、工艺灯原因产生了细小裂纹，在工作状态时随时都有可能断裂，如果不及时停飞，后果不堪设想。

作为员工，要想把技能练成绝招，就要拥有一流的精神状态、一流的工作标准、一流的工作作风、一流的工作成效，就要像窦树军一样专一行、精一行，在属于自己的职业空间中开辟新天地。

（3）注重细节，成就精业

美国气象学家爱德华·洛伦芝认为，亚马孙流域的一只蝴蝶在热带雨林里偶尔挥动几下翅膀，两周后就可能会在密西西比河流域掀起一场风暴。他把这种现象称作“蝴蝶效应”，意思是说，表面上看起来毫无关系、非常微小的细节可能会产生非常深远的影响。

细节存在于工作和生活的方方面面，哪怕是一个微乎其微的细节都可能让所做的工作毁于一旦，毁了你的职业生涯。所以，无论做什么事情，员工都要追求精益求精，千万不能放松对自己的要求。

细节之中往往蕴藏着机会，忽视细节可能会让人失去大机会，而关注细节的人，往往更容易凸显自己的素质和能力，获得更多的机会。

[案例]

王鑫亮毕业后到深圳求职，在奔波了一个星期后一无所获，更糟糕的是，他在乘公交车时钱包被偷，钱和身份证都没有了。

在受冻挨饿了两天后，王鑫亮决定以拾垃圾为生。一天，他正低头拾垃圾时，忽然觉得背后有人注视自己，回头一看，发现有个中年人正站在他背后。只见这位中年人拿出一张名片递给王鑫亮，说：“这家公司正在招聘，你可以去试试。”

抱着试试看的心态，王鑫亮走进了这家公司的办公室，当他递上名片时，前台小姐立即伸出手来："恭喜你，你已经被录取了。这是我们总经理的名片，他曾吩咐，如果有个青年拿着名片来应聘，就让他成为公司的一员！"

没有经过任何面试，王鑫亮就进入了这家公司。

"您为什么会选择我？"王鑫亮问总经理。

"因为我知道你是栋梁之材。那次我偶然看见你在拾垃圾，就观察了你很久，你每次都把有用的东西拣出来，将剩下的垃圾归类好再放回垃圾箱。当时我就想，如果一个人在这样不利的环境下还能够注意到这种细节，那么无论他是什么学历、什么背景，我都应该给他一个机会。而且，连这种小事都可以做到一丝不苟的人，不可能不成功。"

把关注细节当成习惯，是一名精业的员工必须做到的。对细节的关注不应是偶然的行为，员工应持有"事必耕于细"的态度，使之变成一种具有长期性和持续性的行为。如果你能够把关注细节当成自己的习惯，你就能让自己在成功的道路上走得更远。

【案例】

李米大学毕业后应聘到一家文化公司，她的意向是做经理秘书。但公司最初只安排她做办公室文员，具体任务就是收发、复印文件。

她做了一番思想挣扎后，积极投入到了工作之中。对于同事们交代的事情，她都能准确而及时地完成，同事们都夸她责任心强，工作交给她很放心。

有一次，经理拿着一份合同让她复印，十万火急的样子，细心的她习惯性地快速浏览了一遍，当经理有些不耐烦地催促她时，她指着一处刚发现的错误给经理看。经理看完后，惊出了一身冷汗。她的更正为公司避免了几百万元的损失。此后不久，李米便被提任为经理秘书。

成就精业并不是容易的事情，员工处理好1%的细节也许很简单，但要处理100个1%的细节却是无比困难的。精业的员工应做到无论做什么事情都不会忽视任何一个微小的细节。

员工如果能够从大处着眼，在细微之处用心、着力，日积月累，必定能使成功之路一马平川。

6.3 敢于超越

6.3.1 超越自我

超越自我是不断为自己确立新的目标并为之奋斗，实现自我不断发展的过程。超越自我是员工追求卓越的行为，是不断重新聚焦、自我增强、挖掘个人最大潜能的过程。

员工在工作中超越自我的方式有如下几种。

（1）建立自己的知识体系

员工从新手到高手是一个知识不断累积的过程，也是一个实践经验不断丰富的过程。通常，在知识、经验累积到一定程度后，员工要注意建立自己的知识体系，这是实现个人技能突破的重要一关。有了自己的知识体系，之后再遇到新的问题、新的碎片化知识时，就可以在自己的知识体系中迅速定位、分析、处理，从而促使个人技能发生质的飞跃，使工作事半功倍。

（2）培养系统思考能力

系统思考是一种纵观全局，看清事件背后的结构及要素之间的互动关系并主动地“建构”和“解构”的思维能力。我们可以将系统思考看作一个类似“广角镜”的工具，它协助我们打破多年来形成的思维定式，了解整个事情的来龙去脉，降低我们因不了解系统而做出错误决定的概率，更重要的是，它是一种预防问题发生的手段。一位管理学家曾说：“系统思考是一项非常自然的修炼，但是我们很多人没有得到进一步培育，正如，假如我们从来不玩乐器，我们的音乐才能就没有机会得到发挥。”在工作中，对相同的现象，不同人有不同的反应，有人视若无睹，有人却看到了其中隐藏的商机和变化的规律，原因就在于后者具有系统思考能力。

所以，员工要想实现自我超越，系统思考就是一门必不可少的课程。员工应通过收集多方面信息掌握事件的全貌，避免片面思考，看清事件的本质，明晰事件内部的因果关系，通过系统思考在纷繁复杂的事件背后“抽丝剥茧”出真正的结构，从而做出正确的决定。

（3）与变化同行

在当今时代，科技进步一日千里，员工个人要想实现不断的自我超越，必须与变化同行，紧盯相关领域最新的动态，及时做出反馈。

企业总是青睐那些与变化同行的员工，因为他们走在时代的前沿，且总能向企业提出建设性的意见和建议；而那些不懂得变化、墨守成规的员工，则很难得到企业领导的赏识。

【案例】

马荣是人民币原版雕刻专业领军人，是第五套人民币 1999 版和 2005 版 50 元、20 元、5 元和 1 元券毛主席像雕刻者，也是第五套人民币 2015 版 100 元券毛主席像雕刻者。

手工凹版雕刻于 20 世纪初被引入中国，以马荣为代表的第四代雕刻师是印钞行业手工雕刻技艺的传人，也是第五套人民币原版雕刻创作的主力。学习手工凹版雕刻，马荣用了 10 年。而就在马荣的手工雕刻技艺进入巅峰期的时候，计算机技术迅速进入印钞行业，数字化技术改进了印刷、制版等各个工艺流程，而传统手工原版雕刻忽然间成了制约行业发展的瓶颈。与传承百年的手工凹版雕刻不同，计算机雕刻是在屏幕上的一块虚拟雕版上操作，这种感觉与手工雕刻的“硬碰硬”有着天壤之别。

为了不让人民币雕刻水平的国际声誉受损，马荣决定从零开始。她说：“如果我们抵触它（计算机），说我们一定要用手工（雕刻），我们就坚守这手工，那谁来去做转型的计算机的工作呢？”“我们曾经是在传统雕刻领域达到过高峰的，我有责任把这个高峰一直保持住，不管你用什么方法。责任心在这儿，如果我们不去做就没有人能做了。”

在马荣的办公室里，至今仍保留着几大本厚厚的学习笔记，在这些细致入微的笔记中，人过中年重新学艺的艰难历历在目。当掌握了计算机制版的规律后，马荣的功力开始显现，“点线艺术”的精髓融入屏幕之中，数字化雕刻更让马荣找到了手工雕版时从未有过的自由和创作空间，工具的改变事实上为雕刻师的创作带来了一次革命性的解放和激发。

如今，马荣已经可以带着数字化时代的中国凹版雕刻技艺成就远涉重洋，为世界同行讲述中国工匠超越自己、融入世界技术浪潮的故事。2016 年 9 月，马荣受意大利国际雕刻师学院邀请前往授课。当时，她的开场白是这样的："我们拥有的是国家技艺。在钞票艺术的传承与创新中使凹版雕刻发扬光大，这就是我追求的'终身成就'。"

6.3.2　超越他人

职场中，员工要想被领导看重，被同事肯定，必须创造相应的价值，而且这个价值要超过员工的平均值且为人所见。在实际工作中，每一名优秀员工的竞争力和价值都是靠他们自己去不断积累和丰富的。员工可以从以下几个方面着手提高自身的竞争力，从而超越他人。

（1）保持随时学习的心态和习惯

不管你是刚入职的基层员工还是已经身居高位的老员工，要想超越他人就必须保持一种"空杯"心态，始终谦逊，以虚怀若谷的态度向周边的人学习，培养一种热爱学习、善于学习、快速学习的习惯，这样才可能长期保持竞争优势。

（2）建立相应的人际关系圈

员工要想超越他人，必须在持续进步的同时善于借助他人的力量。在工作中，员工要学会不断拓宽自己的人际关系圈，主动去认识更多优秀的人，而且这些人不限于本领域，而是各行各业、各个领域的人。

（3）主动参与一些大项目

在工作中，员工之间拉开差距的一个重要因素就是"大项目"，参与这种项目虽然很苦很累，但只要参与，员工总能得到相应的启发和锻炼，实现快速成长。员工要想超越他人，就要在碰到他人避之不及的大项目、难项目时，敢于迎头而上。

（4）开阔视野，敢于挑战

员工工作一段时间后，一旦进入工作胜任阶段，往往会形成固定的思维、行动模式，从此不再积极学习，进入职业的"怠惰"阶段。此时，员工要想超越他人，就要多走走、多看看，开阔自己的视野，敢于挑战，避免出现"坐井观天"的情况。

（5）敢于吃亏

有的人在工作中生怕多吃一点亏，这是人的一种本能反应，但要想超越他人，就要突破这种本能，敢于吃亏，主动为别人付出，久而久之，在不断“吃亏”的历练中将收获宝贵的技能提升和职业成长。

即学即用

1. 结合你的职业（岗位），谈谈你认为最有利于你职业发展的职业习惯有哪些。

____

____

____

____

____

2. 阅读下面的材料，完成相应的练习。

三个工人在砌一面墙。有一个人过来问：“你们在干什么？”

第一个工人爱答不理地说：“没看见吗？我在砌墙。”

第二个工人抬头看了一眼说：“我们在盖一幢楼房。”

第三个工人真诚而又自信地说：“我们在建一座城市。”

十年后，第一个人在另一个工地上砌墙；第二个人坐在办公室中画图纸，他成为一名工程师；第三个人成为一家房地产公司的总裁，是前两个人的老板。

（1）仅仅十年的时间，三个人的命运就发生了截然不同的变化，你认为是什么原因导致了这样的结果？

____

____

____

____

____

（2）谈谈你对“态度决定高度”这句话的理解。

____

____

____

____

____

____

3. 理出你近两个月需要完成的工作任务，根据其重要和紧急程度排序，列出时间表，跟踪并实时记录工作进度和完成情况，努力提高工作效能。

工作任务	重要程度	紧急程度	工作计划	工作实时记录

注：如需要，可另附页。

4. 完成下面有关“超越意识”的测试，根据你自己的情况做出选择。

题目	选　项
1. 你工作时经常看表吗	A. 不断地看 B. 不忙的时候看 C. 不看
2. 接到上级指示后，你会怎样做	A. 回想过去的做法，看看有没有可借鉴的 B. 有时会征询同事的意见，看看该怎么做会更好 C. 很少会去想过去是怎么做的
3. 一天的工作快结束时，你感觉如何	A. 为能维持生活而感到高兴 B. 有时感到累，但通常很满足 C. 很有成就感

续表

题目	选　项
4. 接到工作任务后，你会怎样考虑工作结果	A. 按照自己的理解来执行 B. 会从领导的角度思考应该如何执行 C. 能结合企业当前的发展战略以及领导希望达到的结果来开展工作
5. 领导不在身边的情况下，你会怎样工作	A. 能偷懒就偷懒 B. 有所松懈，但不会有太大的区别 C. 无论是否有人监督，工作状态都一样
6. 工作中遇到竞争对手时，你会怎样做	A. 我就是我，不在乎别人怎样做事 B. 密切关注竞争对手 C. 我一定要比他做得更好
7. 你用多少时间做与工作无关的事	A. 很多时间 B. 在个人生活遇到麻烦时用一些 C. 很少时间
8. 如果少付 1/3 的薪金，你还愿意做这份工作吗	A. 不愿意 B. 内心愿意，但若有更好的机会，我还是会离开 C. 愿意
9. 你觉得自己是有能力的人吗	A. 总是没有能力 B. 有时很有能力 C. 总是很有能力
10. 哪种情况与你最相符	A. 不想再钻研有关工作的知识 B. 开始工作时很喜欢学习 C. 愿意再学习与工作有关的知识

说明：选择 A 得 1 分，选择 B 得 3 分，选择 C 得 5 分，分数相加得出测评总分。

10～20 分：说明你进取心不足，工作时有得过且过的想法，同时对工作的结果是否完美、是否能让领导或服务对象满意也不太关心。

21～40 分：说明你的工作状态大众化。心情好时，对工作充满激情，能创造性地开展工作；心情不好时，“差不多”“不在乎”的心态就会涌现。

41～50 分：说明你是对自己要求很高的人，希望自己能出类拔萃，同时行动中也能突破常规开展工作，最后达到的工作结果常是领导或服务对象最想得到的。